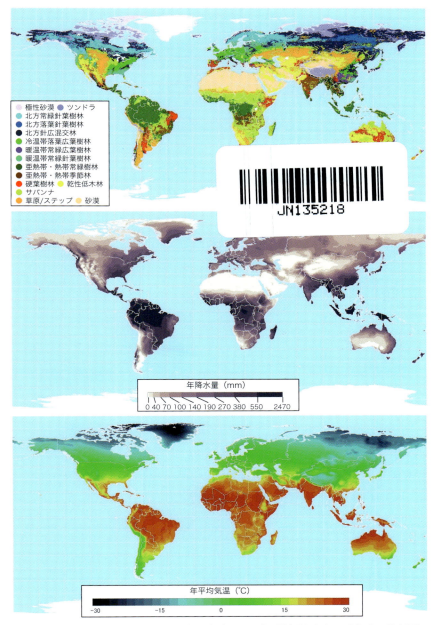

口絵1 地球上の潜在植生（上），年間降水量（中）および年平均気温（下）の分布［1.1節参照］
潜在植生は，人為の影響がなく都市や農地が存在しなかった場合にその場所に成立する植生を推定したものである．推定は動的植生モデルIBIS（Integrated Biosphere Simulator）を用いて行われた（Ramankutty & Foley 1999）．降水量・平均気温は1960年から1990年までの30年間の平均値．Center for Sustainability and the Global Environment, Nelson Institute for Environmental Studies, University of Wisconsin-Madisonから許諾を得て掲載．

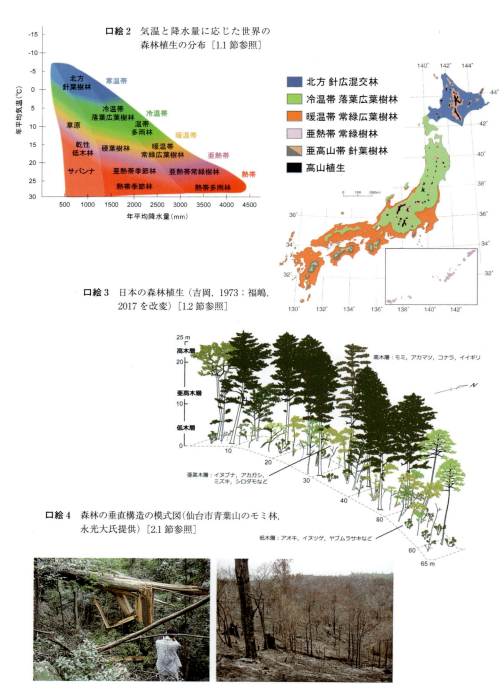

口絵2 気温と降水量に応じた世界の森林植生の分布 [1.1節参照]

口絵3 日本の森林植生(吉岡, 1973;福嶋, 2017を改変) [1.2節参照]

口絵4 森林の垂直構造の模式図(仙台市青葉山のモミ林, 永光大氏提供) [2.1節参照]

口絵5 (左)奈良県春日山における台風による倒木と (右)マレーシアにおける失火による火災跡 [2.2節参照]
(左)下層の植物は生育している. (右)広い範囲にわたってすべての樹木が燃えた.

口絵6 マツグミの花とメジロの訪花（Funamoto and Sugiura, 2017 ; Sugiura, 2018）[2.3 節参照]

口絵7 スダジイの開花 [2.3 節参照]

口絵8 樹形モデルの類型と概念 [3.3 節参照]

主軸の成長型（単軸・仮軸）や側生枝の成長型（直立・斜方）をもとに樹形モデルを定義する．ウスノキ（a），アラカシ（b），コジイ（c）の例を示す．一定の樹形モデルにしたがって作られる構造を構築単位（AU）といい，AUの反復によって樹形の複雑化が進む．(d) ウスノキの例を示す（Kawamura and Takeda, 2004）．

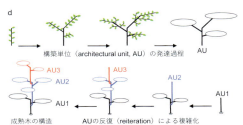

口絵9 土壌深度に沿ったトビムシの生活形の違い [4.2 節参照]

表層種には大型，有色，多眼，真土壌性は小型，無色，無眼などの特徴があり，半土壌性は両者の中間的な特徴をもつ．

口絵10 鹿児島大学高隈演習林の約12haの伐採試験地（左）と集水域の出口に設けた量水堰（右）[5.2節参照]

口絵11 活性アルミニウムテストの様子 [5.3節参照]
フェノールフタレイン溶液を湿らせたろ紙に火山灰土壌をこすりつけておき，そこにフッ化ナトリウム（NaF）溶液を添加すると鮮明な赤紫色を呈する．これは，土壌中の活性アルミニウムがフッ化物ナトリウムと反応して水酸化物イオンが遊離するためである．

口絵12 (a) 防風を目的とした屋敷林（富山県・砺波，藤本武氏提供），(b) マングローブ林におけるエコ・ツアー（インドネシア・ビンタン島），(c) 里山の木で染めたハンカチ（神戸学生森林整備隊こだま提供），(d) ペルーアマゾンでヤシの葉を利用し屋根を作る人（小林繁男氏提供）[6.1節参照]

口絵13 （左）カナダ・クラクオットサウンドにおける森林施業地の様子（Kenneth P. Lertzman 提供），（右）スウェーデン・ウプサラ郊外にある Sveaskog（州が半分出資する林業企業）が管理する施業区における保持林業地（伐採から1週間後）の様子（森章撮影）[6.2参照]
（左）樹木集団（パッチ）が保残されている．（右）保残の対象は，樹木集団や樹木個体だけではない．立ち枯れや倒木などの枯死木，緩衝帯，特定のハビタットなどである．

森林生態学

石井弘明
［編集代表］

德地直子・榎木　勉・名波　哲・廣部　宗
［編集］

朝倉書店

編集代表

石井 弘明（いしい ひろあき）　神戸大学大学院農学研究科

編集委員

德地 直子（とくち なおこ）　京都大学フィールド科学教育研究センター
榎木 勉（えのき つとむ）　九州大学大学院農学研究院
名波 哲（ななみ さとし）　大阪公立大学大学院理学研究科
廣部 宗（ひろべ むねと）　岡山大学大学院環境生命科学研究科

執筆者

石井 弘明（いしい ひろあき）　神戸大学大学院農学研究科
石丸 香苗（いしまる かなえ）　福井県立大学学術教養センター
榎木 勉（えのき つとむ）　九州大学大学院農学研究院
大園 享司（おおその たかし）　同志社大学理工学部
長田 典之（おさだ のりゆき）　名城大学農学部
河村 耕史（かわむら こうじ）　大阪工業大学工学部
木庭 啓介（こば けいすけ）　京都大学生態学研究センター
小山 里奈（こやま りな）　京都大学大学院情報学研究科
杉浦 真治（すぎうら しんじ）　神戸大学大学院農学研究科
舘野 隆之輔（たての りゅうのすけ）　京都大学フィールド科学教育研究センター
名波 哲（ななみ さとし）　大阪公立大学大学院理学研究科
菱 拓雄（ひし たくお）　九州大学大学院農学研究院
廣部 宗（ひろべ むねと）　岡山大学大学院環境生命科学研究科
保原 達（ほばら さとる）　酪農学園大学農食環境学群
森 章（もり あきら）　東京大学先端科学技術研究センター

（五十音順）

はじめに

　森林とは広範囲にわたって（0.3〜0.5 ha 以上）ある程度高い樹木（3〜5 m 以上）が，密集して（被覆率10〜30％以上）生育している土地のことである．地球の陸地面積の約27％が森林であり，これは地球全体の表面積のわずか8％にすぎない．一方で森林は，多様な生物に食物や生息場所を提供しており，陸上生物種の約2/3が生息する生物多様性の宝庫である．また，森林は，大気や水などの物理環境と相互作用する「生態系」であり，地球規模の気象プロセスに影響を与えている．たとえば，北半球が冬の間は，樹木の光合成による二酸化炭素吸収量が減少するため，大気中の二酸化炭素濃度が上昇し，毎年4月下旬頃に最大となる．その後，夏に樹木の葉が光合成を始めると二酸化炭素濃度は全球的に低下し始める．このように，森林の季節変化は，温暖化の原因である二酸化炭素濃度に影響を及ぼしている．さらに森林は，地球全体の年間の二酸化炭素吸収量のうち約40％を担っており，その面積割合よりも大きな影響を地球に及ぼしている．

　森林は様々な植物，動物，微生物などを含む生物共同体である．また，「森林生態系」という概念は，森林を生物と環境も含めた「系（システム）」として理解することを目的として生まれた．「システム」とは互いに影響を及ぼしあう要素から構成されるまとまりや仕組みであり，森林生態系が全体としてまとまりをみせているのは，そこに生息する生物どうしの，さらには生物と環境との相互作用があるからである．たとえば生物たちの食う，食われるの関係から，食物連鎖および食物網という概念が生まれた．また，エネルギーや水，炭素，窒素などの物質が生物と環境の間を巡ることから物質生産や物質循環という概念が生まれた．

　私たち人間の活動も，物質生産や物質循環を介して地域生態系さらには地球環境と結びついている．人間は，森林を切り開いたことによって地球上の炭素循環を変化させ，多くの生物の生息場所を奪い，地球温暖化と生物多様性の喪失という現代の二大環境問題を引き起こした．人間活動が始まる前の地球上は，約6000万 km^2 の原生林で覆われていたと考えられている．人間による土地改変の結果，その多くが消失し，現在の世界の森林面積は約3600万 km^2 である．森林保護が叫ばれるようになり，消失速度は低下したものの，世界の森林面積は減小

し続けている．熱帯林の消失が問題視されているにもかかわらず，人口増加にともなう土地の改変は歯止めがなく，南米やアフリカの熱帯域における森林破壊は今も続いている．氷河の後退や北極の冠氷の減少，海面上昇は遠い世界の出来事のようだが，猛暑やゲリラ豪雨，大型台風などの自然災害は日本人の日常生活にも影響を及ぼし始めている．日本でも平地の森林はほとんどが切り開かれてしまったため，山に行かなければ森に出会うことはできない．

地球の炭素バランスを乱し，生物多様性を危機にさらした責任は重く，人間には森林生態系を理解し，その仕組みを保全する義務がある．木材生産を目的として，人間によって管理されている人工林も，収穫を迎えるまでの数十年間は地球環境保全・水源涵養（かんよう）・土砂災害防止・生物多様性保全など，人間の生活環境に資する様々な生態系サービスを提供しており，生態系として適切に管理しなければ，正常に機能しない．

本書は，森林生態系の仕組みについて学びたい人のために書かれた入門書である．1989年に堤利夫先生ほかによって刊行された『森林生態学』の後継となる教科書として企画され，初版の内容を見直すとともに，高校生物の基礎知識から，さらに掘り下げた内容，最近のトピックスまで，森林生態系の様々な側面について解説した．多くの日本人にとって，森林は身近な自然ではなくなってしまったが，それでも休みごとに山にでかけるなど，都会で生活しながら森林や樹木をこよなく愛する人は少なくない．私たちはなぜ，森林に惹かれるのだろうか．そこに何か奥深い生物の営みや，人間の英知を超えた神秘を感じるからかもしれない．そのような人たちにとって，本書が森林や環境問題について考えるきっかけとなれば幸いである．

最後に編集にご協力頂いた朝倉書店編集部，原稿に対するコメントをいただいた多数の協力者のみなさんに御礼を申し上げます．

2019年3月

編集代表　石井弘明

目　　次

第1章　森林生態系と地球環境……………………………［石井弘明］…　*1*
　1.1　森林植生を決定する要因 ………………………………………………　*1*
　　1.1.1　気　候　*2*
　　1.1.2　地　形　*2*
　　1.1.3　地　質　*3*
　　1.1.4　地　史　*3*
　　1.1.5　生物史　*3*
　1.2　気候帯と森林 ……………………………………………………………　*4*
　　1.2.1　北方林　*4*
　　1.2.2　温帯林　*5*
　　1.2.3　亜熱帯林　*5*
　　1.2.4　熱帯林　*6*
　　1.2.5　その他の森林植生と森林群集の分類　*6*
　1.3　人間活動と森林の未来 …………………………………………………　*7*
　　1.3.1　土地改変　*7*
　　1.3.2　気候変動　*8*

第2章　森林の構造と動態………………………………………………　*11*
　2.1　森林生態系の構造 ………………………………………［石井弘明］…　*11*
　　2.1.1　垂直構造と群落光合成　*11*
　　2.1.2　水平分布と生態過程　*14*
　　2.1.3　森林の構造，種組成の多様性と森林管理　*16*
　2.2　森林生態系の動態 ………………………………………［名波　哲］…　*19*
　　2.2.1　遷移と極相　*19*
　　2.2.2　攪　乱　*20*
　　2.2.3　遷移のメカニズム　*22*
　　2.2.4　森林の更新　*26*

2.2.5 森林の更新を取りまく今日の日本の問題　*29*
 2.3 繁殖，送粉，種子散布 …………………………………〔杉浦真治〕… *30*
  2.3.1 繁　殖　*30*
  2.3.2 送　粉　*33*
  2.3.3 種子散布　*34*
  2.3.4 相利共生ネットワーク　*36*
  2.3.5 豊　凶　*36*
  2.3.6 送粉サービス　*38*

第3章　森林の成長と物質生産 …………………………………………… *39*
 3.1 森林の現存量と物質生産 …………………………………〔榎木　勉〕… *39*
  3.1.1 現存量（バイオマス）　*39*
  3.1.2 葉の現存量と葉面積指数　*40*
  3.1.3 物質生産と炭素の循環　*42*
  3.1.4 物質生産を制限する要因　*44*
  3.1.5 炭素動態の経時変化　*45*
  3.1.6 個体密度と生産（密度効果）　*47*
 3.2 光合成と葉の生理生態 ……………………………………〔長田典之〕… *50*
  3.2.1 葉構造と光合成　*50*
  3.2.2 葉の機能形質　*55*
  3.2.3 時間的な資源獲得戦略　*57*
  3.2.4 環境変動と葉の生理生態　*60*
 3.3 樹木の成長と資源獲得戦略 ………………………………〔河村耕史〕… *61*
  3.3.1 樹木のモジュール性と樹冠形成　*61*
  3.3.2 樹形および樹木成長の定量的解析　*65*
  3.3.3 樹形の多面的機能と資源獲得戦略におけるトレードオフ関係 … *69*
  3.3.4 地下部の構造と機能　*71*
  3.3.5 樹形形成規則の応用　*72*

第4章　森林土壌と分解系 ………………………………………………… *74*
 4.1 森　林　土　壌 ……………………………………………〔廣部　宗〕… *74*
  4.1.1 土壌の生成と構成要素　*74*

4.1.2　土壌の分類　*79*
　　4.1.3　土壌特性の局所的変動　*80*
　　4.1.4　人間活動と森林土壌　*82*
　4.2　分解系の生態学 ………………………………［菱　拓雄・大園享司］… *84*
　　4.2.1　分解過程　*84*
　　4.2.2　分解にともなう化学的変化　*86*
　　4.2.3　分解者の種類と機能群　*88*
　　4.2.4　腐食食物網　*91*
　　4.2.5　土壌生物が分解過程に与える影響　*93*
　　4.2.6　土壌動物の分解過程への影響　*95*
　　4.2.7　森林生態系における生産者と分解者の相互作用　*98*
　　4.2.8　地球環境の変化と分解者の関係　*100*

第5章　森林生態系の物質循環……………………………………………… *101*
　5.1　水　循　環 ………………………………………………［小山里奈］… *101*
　　5.1.1　水のサイクルの概要　*101*
　　5.1.2　森林生態系への水の加入　*101*
　　5.1.3　森林生態系内部での水の動き　*104*
　　5.1.4　森林生態系から出ていく水の行方　*109*
　　5.1.5　森林生態系の水循環と人間の社会　*110*
　5.2　窒　素　循　環 …………………………………………［舘野隆之輔］… *111*
　　5.2.1　内部循環　*112*
　　5.2.2　外部循環　*114*
　　5.2.3　窒素循環にかかわる生物的な要因　*116*
　　5.2.4　窒素循環にかかわる非生物的な要因　*118*
　　5.2.5　人間活動と窒素循環　*118*
　5.3　様々な元素の動態と循環 ………………………………［保原　達］… *122*
　　5.3.1　リ　ン　*122*
　　5.3.2　硫　黄　*125*
　　5.3.3　カルシウム，マグネシウム，カリウム　*127*
　　5.3.4　アルミニウム，鉄，ケイ素　*128*
　　5.3.5　セシウム　*130*

  5.3.6　ケーススタディーのまとめ　*131*
 5.4　システムとして森林生態系を捉える …………………［木庭啓介］… *132*
  5.4.1　生態系内の物質循環　*132*
  5.4.2　生態系と外部環境と物質循環　*134*
  5.4.3　みえないフラックスを求める　*136*

第6章　森林生態系の保全と管理 ……………………………………… *140*
 6.1　森林の多面的機能 …………………………………［石丸香苗］… *140*
  6.1.1　森林の生態系サービス　*140*
  6.1.2　森林の多面的機能と地球環境の持続可能性　*145*
 6.2　生態系の管理 ………………………………………［森　章］… *149*
  6.2.1　生態系管理とは　*149*
  6.2.2　持続可能な森林管理　*151*
  6.2.3　生態系に配慮した森林施業　*152*
  6.2.4　生態系の健全性　*155*
  6.2.5　アダプティブマネジメント　*156*
  6.2.6　森林管理の今後に向けて　*157*

文　　献 ………………………………………………………………………… *159*
索　　引 ………………………………………………………………………… *167*

第 1 章
森林生態系と地球環境

本章のめあて
- 世界の気候帯と代表的な森林植生およびその決定要因について学ぶ．
- 人間活動や気候変動が森林植生に与える影響を理解する．

1.1 森林植生を決定する要因

地球上の植生分布は，主に**気候**（気温・降水量・積雪量など）によって決定されるが，そのほかにも様々な要因がはたらいて，ある地域の植生が決まる（図1.1）．気候以外の要因としては，標高や斜面方位などの**地形**，母岩や地層などの**地質**，植生が成立してからの時間などの**地史**，植物の種類や多様性などにかかわる**生物史**，植林や伐採などの**人間活動**があげられる．

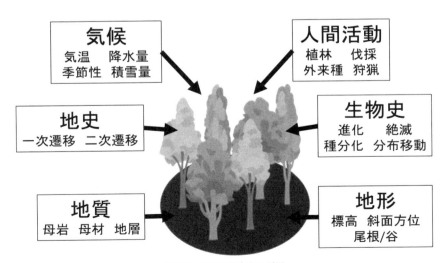

図 1.1 植生を規定する要因
地史，生物史は植生に，地質，地形は立地に，気候，人間活動は両者に影響する．

1.1.1 気　　候

森林を含む世界の植生帯は気温と降水量で大まかに分類できる（口絵1, 2）.平均気温は緯度の変化にともない，赤道から極地に向かって低下する．また，降水量は沿岸部から内陸に向かって少なくなる傾向がある．気温が低すぎる極域や降水量が少なすぎる内陸部では森林は成立しない．日本を含む東アジア地域の森林植生の分布は，植物の生育期間の指標である**暖かさの指数**（**WI**）の地理的変異によく対応している．

$$WI = \Sigma(t_n - 5) \tag{1.1}$$

WIは，月平均気温5℃以上の期間を植物の成育期とみなし，5℃以上の月平均気温（t_n）から5℃を引いて1年分合計した積算温度である．

年降水量がおよそ1000 mmを下回ると森林が成立しない．また，日本に梅雨があるように，降水量の年間の分布は均一ではなく，どの季節に雨が降るかは，植生に影響する．植物の成長期（春〜夏）に降水量不足が続く地域では，乾燥に強い植物が分布する．ある地域の**乾湿度**は，降水量だけでなく蒸発量にも規定されるため，これらを合わせた乾湿度の指標として降水量と蒸発量の比（P/E）や**降水蒸発指数**（SPEI），**乾燥強度指数**（PDSI）などが提唱されている．乾湿度の地域区分は**過湿潤帯**（perhumid zone），**湿潤帯**（humid zone），**半乾燥帯**（semiarid zone），**乾燥帯**（arid zone），**強乾燥帯**（perarid zone）となっており，森林が成立するのは湿潤帯からで，半乾燥帯では**乾性低木林**や草原（**ステップ**）になる．

積雪も植生に大きな影響を与える気候的要因である．積雪は，その重量で幹や枝を折るまたは曲げるなどの損傷をもたらす（**冠雪害**）．一方で，常緑の低木種やササ類は冬に雪の下に埋もれることで**凍害**を免れているため，豪雪地帯の低木層の高さは，おおよそ積雪深と一致する．

1.1.2 地　　形

同じ緯度や気候帯であっても，**標高**が高いほど平均気温は低くなる．このため**低地帯**から**亜高山帯**，**高山帯**へと標高が高くなるにつれて低緯度から高緯度への変異と類似した植生変異がみられる．熱帯地域であっても，標高が高い山地には温帯林と似た植生が成立し，暖温帯地域の山地には冷温帯林と似た植生が成立する．日本では本州の亜高山帯に常緑針葉樹林が分布する．積雪の多い日本海側には耐雪性の高いオオシラビソが，太平洋側ではシラビソ，トウヒ，コメツガが，西日本の亜高山帯ではモミ，ツガが分布する．高山帯にはハイマツなどの低木や

草地などの**高山植生**が成立し，さらに標高が高くなると**森林限界**となる．

　日本のように起伏の多い地形では，斜面の方位や斜面上の位置など，微地形の違いによって局所的に土壌の物理性，化学性が変異する（5.1節参照）．北半球では，南向き斜面は北向き斜面と比べて日射量が多く，気温が高くなる．また，高標高域では南向き斜面のほうが雪解けは早く生育期間が長いため低木林が成立するが，北向き斜面は草地になるなど植生の違いが生まれる．尾根などの凸型の地形では水や養分物質が流出するため，日本の温帯ではアカマツやツツジ類など尾根部に特有の乾燥，貧栄養な立地に適応した樹木が分布する．一方，谷や凹型地形は水分と養分が豊富だが，斜面崩壊や川の氾濫などの撹乱が起こりやすいため，このような立地条件や動態に適応した樹種から構成される**渓畔林**(けいはんりん)が成立する．

1.1.3　地　　質

　土壌の地質的材料である**母材**やそのもととなる**母岩**の物理性，化学性も植生に影響する．世界各地でみられる**蛇紋岩地帯**(じゃもんがん)では，土壌のマグネシウム含量が多く，植物にとって重要な養分物質であるリンの含量が少ないため，花崗岩地帯や堆積岩地帯などとは異なる植生が成立する．日本の場合，温帯地域ではアカマツ林やツツジ類の低木林，北海道ではアカエゾマツ林など，貧栄養条件に適応した樹種が定着し，植物種数が少ない貧弱な森林がみられる．

1.1.4　地　　史

　植生は時間とともに変化する（2.2節参照）．溶岩の流出，氷河の後退などにより形成された裸地からの植生の変化（**一次遷移**）は土壌の形成とともに進行するため，森林が成立するには数百年を要する．一方，森林火災や土砂崩れ，洪水，人間による森林の伐採などによって植生だけが失われた後の植生回復（**二次遷移**）では，数十年でもとの状態にもどる．身近な森林の多くは人間活動の影響を受けているため，様々な回復段階にある二次遷移途中の森林（**二次林**）である．

1.1.5　生　物　史

　森林を構成する植物種は長い進化の過程において種分化や自然淘汰を繰り返し，この過程は地域ごとに異なる．たとえばオーストラリア大陸は，約5000万年前から孤立していたため動植物は独自の進化をとげた．オーストラリアの森林では，ユーカリ属やバンクシア属など，ほかの地域にはない**固有種**が多くみられ

る．また，ヨーロッパの森林は，ほかの温帯域に比べて樹木の種数が少ない．これは最終氷期において氷河が南下した際に，東西に延びるアルプス山脈が植物の**分布移動**の障壁となり，種子散布能力の低い樹木の多くが南方へ避難できずに絶滅したためだと考えられている．一方，北米大陸や東アジアにはこのような障壁はなく，最終氷期に多くの植物が南方の**逃避地**（refugia）に到達することができ，その後の北上も妨げられなかったため，植物相の**多様性**が高い．

1.2 気候帯と森林

　上記のような地域特有の自然要因によって決定される森林植生は，それが成立する**気候帯**と**相観**（そうかん）で表記される（口絵1）．相観とは，**優占種**（生物群集においてほかの種よりも個体数や被覆率が多い種）や特徴的な植物の種類による分類である．おおまかには，平均気温が低くなるにつれて，常緑広葉樹林から落葉広葉樹林へ，さらには針葉樹林へと変異し，降水量が少なくなるにつれて常緑樹林から落葉樹林や季節林，さらには乾性低木林へと変異する（口絵2）．

　寒帯（arctic zone，WI＜15）では寒すぎて樹木が生育できないので，ツンドラや草原が広がり，森林は成立しない（**森林限界**）．森林が成立する温帯域との移行帯に，**森林ツンドラ**や針葉樹の疎林を含む**亜寒帯**（subarctic zone）がある．

1.2.1 北方林（boreal forest）

　北海道・中国北部（WI＝15〜45），アラスカ〜カナダ北部，北欧〜ロシア東部などの**寒温帯**（cold-temperate zone）には，冬季の多雪や短い生育期間に適応した針葉樹が優占する**北方針葉樹林**（boreal conifer forest）が分布する．ユーラシア，北米大陸の広大な地域に広がり，**タイガ林**とも呼ばれる．沿岸部など湿潤な地域ではモミ属やトウヒ属が優占する常緑針葉樹林が，降水量の少ない内陸部ではマツ属やカラマツ属が優占する落葉針葉樹林が分布する．年間降水量が少ないため**森林火災**が多発し，火災後はポプラ属やカバノキ属などの陽樹が侵入し，やがて針葉樹林へと遷移する．日本では北海道や標高の高い地域にトドマツ（モミ属）やエゾマツ（トウヒ属）が落葉広葉樹とともに優占し，寒温帯から冷温帯への移行的植生である**針広混交林**（しんこうこんこうりん）（mixed conifer-broadleaf forest）が分布する（口絵3）．

1.2.2 温帯林 (temperate forest)

明瞭な寒暖の季節性がある北海道南部〜東北地方，中国北部〜韓国（WI＝45〜85），カナダ南部〜アメリカ北部，中央ヨーロッパなどの冷温帯には，冬にすべての葉が落葉して休眠する落葉広葉樹が優占する，**冷温帯落葉広葉樹林**（cool-temperate deciduous forest）が分布する．地域によって種は異なるが，北半球ではブナ属やコナラ属などブナ科の落葉樹が優占するほか，カエデ属，カバノキ属が共通してみられ，春の新緑，秋の紅葉に特徴づけられることから**夏緑樹林**ともいう．日本では長野県や岐阜県などの中部地方の標高の高い地域，西日本の山頂付近にも冷温帯落葉広葉樹林が分布する．

冬の寒さが厳しくなく，雪も少ない関東〜九州・中国南部（WI＝85〜180），アメリカ南部などの暖温帯には，冬でも葉をつけている常緑広葉樹が優占する**暖温帯常緑広葉樹林**（warm-temperate evergreen forest）が分布する．東アジアでは，シイ，カシのようなブナ科やタブノキなどクスノキ科の常緑樹が優占し，葉の表面が厚い**クチクラ層**で覆われていて光沢があることから**照葉樹林**（lucidophyllous forest）ともいう．一方，ヨーロッパ南部や北米南西海岸では，植物の成長期である夏季に雨が少ない**地中海性気候**なため**硬葉樹林**（sclerophyll forest）となる．硬葉樹には葉の乾燥を防ぐためクチクラ層が発達し，森林火災から形成層を守るため樹皮の**コルク層**が厚くなるなどといった適応がみられる．身近な樹木では地中海地域の有用樹であるオリーブやコルクガシ，ミカン科果樹などがあり，気候が似ている日本の瀬戸内地域にも植栽されている．北米南東部の暖温帯も同様に冬雨型で，マツ属が優占する**暖温帯常緑針葉樹林**が分布する．南半球では，オーストラリア，ニュージーランド，チリなどに各地域固有の樹種が優占する常緑広葉樹林が分布する．

1.2.3 亜熱帯林 (subtropical forest)

亜熱帯域の多くは乾燥地が多く森林は少ないが，沿岸部や海洋島など湿潤な地域では森林が成立する．冬でも比較的暖かい南西諸島〜沖縄・小笠原・台湾（WI＝180〜240），メキシコ沿岸部やカリブ諸国などには常緑広葉樹が優占し，ほかにヤシ類，木生シダなどがみられる**亜熱帯常緑樹林**（subtropical evergreen forest）が分布する．この地域は暖温帯から熱帯への移行帯であるため植物の多様性が高く，海洋島では，固有種を多く含む独特の植生がみられる．内陸など乾季がある地域では，一部の樹木が落葉する**亜熱帯季節林**（subtropical deciduous forest）が分布する．さらに乾燥する地域（インド，東南アジア，アフリカの内陸部など）には，草原と森林の移行帯である**サバンナ**が分布する．

1.2.4 熱帯林（tropical forest）

一年中暖かい東南アジア（WI≧240），ニューギニア〜オーストラリア北部，中米〜南米北部，中央アフリカなどの熱帯には，巨大な常緑広葉樹が優占し，ヤシ類やツル植物，着生植物が多くみられる**熱帯多雨林**（tropical rainforest）が分布する．その名の通り降水量が多く，一年中高温多湿で植物の成長に適しているため，植物相の多様性が極めて高く，種あたりの個体数が少なく優占種がないという特徴をもつ．東南アジアではフタバガキ科，マメ科，キョウチクトウ科など多様な構成種がみられる．一方，乾季がある地域では，一部の樹種が落葉する**熱帯季節林**（雨緑林，モンスーン林）が分布する．

1.2.5 その他の森林植生と森林群集の分類

温帯域の**西岸海洋性気候帯**（北米大陸の北西海岸，オーストラリア南東部，ニュージーランド）では，海からの湿った空気が山脈にぶつかって大量の雨をもたらす．また，一年を通して気温の変化が少ないため，**温帯多雨林**（temperate rainforest）が分布する．この森林の特徴として，巨木が多いことがあげられる．樹高世界一のセコイアメスギ（100 m 超）や体積世界一のセコイアオスギはともにアメリカ北西海岸に，広葉樹で最も高くなるセイタカユーカリ（90 m 超）はオーストラリア東部に分布している．

熱帯および亜熱帯沿岸部の**マングローブ林**（mangrove forest）では，沖縄のオヒルギやメヒルギのように，海水と淡水が混じる汽水域に適応した樹木がみられる．これらは，耐塩性を有し，地中から立ち上がった**気根**によって浸水による酸素不足に適応している．また，樹上で発芽してから落下し地面に刺さる**胎生種子**は，種が流されないための適応である．

複数の植物種が集まって形成される生物集団を**群集**（community）といい，植生帯よりもさらに詳しい分類区分として用いる．木本植物が優占する**森林群集**は，ブナ-ミズナラ群集，コナラ-アベマキ群集，アカマツ-モチツツジ群集など，個体数や断面積合計（2.1 節参照）が大きい**優占種**や特徴的な**標徴種**によって名づけられる．

1.3　人間活動と森林の未来

1.3.1　土地改変

　陸域面積の約半分は，人間によって農地や市街地などに改変されてしまった．世界の森林面積のうち，原生の自然状態に近い**自然林**は約 36％，人為の影響を受けた後に成立する**二次林**が約 57％，残る 7％が木材や紙パルプを生産するために植林された**人工林**である（国連食糧農業機関，2016；林野庁，2017）．日本を含む温帯域は，人間にとっても暮らしやすい気候であるため，土地改変が進んだ結果，自然林はほとんど残っていない．北米の温帯多雨林では，巨木を木材として収穫するために，自然林の 90％以上が伐採されてしまった．また，マングローブ林の多くは沿岸開発により，そのほとんどが消滅してしまった．

　日本の場合，国土面積の約 2/3 が森林であり，これは先進国の中ではフィンランド，スウェーデンに次ぐ高い森林面積率である．しかし，森林以外の国土面積は宅地や道路，農地など人間によって改変された土地である（図 1.2）．さらに，日本の森林の約 40％は人間が木材生産のために植林した人工林で，世界全体の割合に比べるとかなり高い．また，約 55％は一度伐採された後に再生した二次林である．本州の二次林の多くは，かつて**薪炭材**や**腐葉土**を得るために人間が利用していた**里山**が遷移した**天然性二次林**（自然林とあわせて**天然林**ともいう）で，冷温帯ではシラカバ，ダケカンバなどカバノキ属の**陽樹**が，暖温帯ではアカマツや

図 1.2　日本における自然林，二次林，人工林の分布（国土計画局編『国土の概況』（1996）を改変）

ブナ科の落葉広葉樹（コナラ，クヌギ，アベマキ，クリなど）が優占する．子どものころ身近な雑木林で遊んだ経験のある人は，これら樹木の**球果**や**堅果**（ドングリ）を拾ったことがあるだろう．薪炭材が化石燃料に，腐葉土が化学肥料にそれぞれ取って変わられてから，里山は手入れされなくなり放置された結果，陰樹林へと二次遷移が進んだ．また，人間による狩猟が行われなくなったため，シカやイノシシなどの野生動物が増えた．その結果，低木層が食べつくされアセビやシキミなどの有毒な樹種ばかりになる，高木種の更新が妨げられるなど，森林動態に影響が及んでいる．山の食糧が不足すると，野生動物が農地を荒らすため，**獣害**などの社会問題になっている．

日本の自然林は，主に東北や北海道，本州の山地などの保護区や国立公園や国定公園などにわずかに残されているだけだが，各気候帯を代表する自然林を含む地域が，**世界自然遺産**に登録されている．**知床半島**（北方林），**白神山地**（冷温帯林），**屋久島**（暖温帯林），**小笠原諸島**（亜熱帯林）である．これらの自然林を訪れることで，本来の森林植生が，人間活動によってどのように改変されたのか，理解が深まるだろう．

1.3.2 気候変動

地球温暖化を含む**気候変動**は，地球史上かつてない速さで進行しており，温暖化によって地球上の気候帯は年間数百mの速度で赤道から極地に向って移動している．東京では100年前には冬（12〜2月）の平均気温が5℃を下回っていたが，2000年代に入ってからは，これを上回るようになってきた．毎月の平均気温も上昇しており，東京のWIは過去100年間で，20〜30程度上昇している（表1.1）．熱中症，デング熱など気候変動による健康問題も懸念される．人間活動に起因する気候変動は，作物や果樹の**生育適地**を変化させるだけでなく，森林植生にもすでに影響し始めている．植生の地理的変異は連続的で，明確な境界線があるわけではない（**植生連続体説**）．森林群集の種組成も固定したものではなく，それぞれの種が特有の**分布域**をもつ（図1.3）．世界中の亜高山帯で植物の分布域が上昇

表1.1 過去100年間の東京のWIの推移

年／月	1	2	3	4	5	6	7	8	9	10	11	12	WI
2018	4.7	5.4	11.5	17.0	19.8	22.4	28.3	28.1	22.9	19.1	14.0	8.4	141.9
1968	5.7	4.3	10.0	14.1	17.5	22.0	24.7	26.6	21.9	16.3	14.1	10.2	128.1
1918	1.6	3.6	6.7	11.7	16.7	20.1	26.0	26.1	22.6	16.0	10.4	3.9	111.3

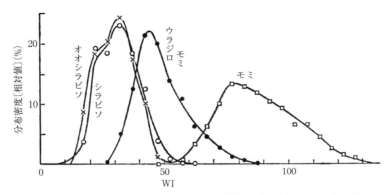

図 1.3 中部地方におけるモミ属の分布と WI の関係（吉良・吉野，1967；堤，1989）

しているほか，気候の温暖化や乾燥化によって，北半球では様々な樹種の分布南限域において個体群の衰退が報告されている．森林総合研究所の研究によると，2100 年には本州から冷温帯林はほとんどなくなり，優占種のブナの分布域が著しく縮小すると予測される（図 1.4）．

　樹木は**固着性**であるため，気候帯の北上に合わせて個体が移動することはでき

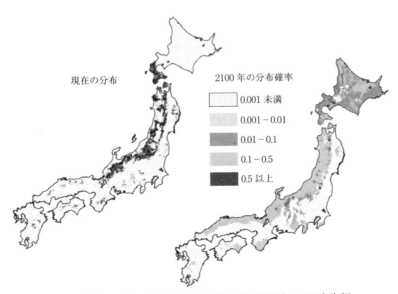

図 1.4 現在のブナの分布と 2100 年の分布予測（松井他，2009 を改変）

ない．樹木の**分布移動**は**種子散布**によって起こるが，途中に市街地や海など分布移動を妨げる障壁があった場合，氷河期のヨーロッパの樹種がアルプス山脈を超えて南下できなかったように，絶滅してしまうかもしれない．最終氷期以降の気温上昇にともない，個々の種の分布域が変化し，絶滅や種分化を経て現在の森林植生が形成されてきたと考えられているが，人為的な気候変動の変化速度に樹木の進化や分布移動がついて行けるのかどうかは不明である．気候変動によって森林がなくなることはないだろうが，植生がどのように変化するのかを予測することは難しい．さらに，人工林の収穫には50年程度を要するうえ，植栽種の**天然分布**の範囲外にも植えられているため，いま植林したスギやヒノキの苗木が気候変動に耐えて生育し続けられるのかどうかも不明である．造林木が気候変動に順化できなければ，日本の林業は大きな損害を受けることになる．

［石井弘明］

発展課題

(1) 気象庁ホームページの気象データから自分が住んでいる地域の昨年のWIを計算し，過去のデータと比べてどのように変化しているか考察しなさい．計算結果から，現在の植生帯の境界線が自分の地域に到達するまでに何年かかるかを予測しなさい．
(2) 日本の太平洋側と日本海側で積雪量の違いによってどのような植生の変異があるか調べなさい．
(3) 自分が住んでいた，または訪れた国内外の地域について気候帯と相観を調べ，実際にみた風景（街路樹，公園，山林など）と関連付けて説明しなさい．
(4) 緯度の上昇にともない熱帯〜暖温帯林では常緑樹が，冷温帯林では落葉樹が優占し，北方林では再び常緑樹（針葉樹）が優占するのはなぜか．樹木の葉の寿命と適応戦略の観点から説明しなさい（第3章も参照）．

第 2 章
森林の構造と動態

本章のめあて
- 森林生態系の垂直構造，水平構造と群集の種組成，光合成生産の関係を学び，森林管理への応用について考察する．
- 森林の種組成や構造の時間的変化にかかわる遷移，攪乱，更新などのメカニズムについて理解する．
- 森林植物の多様な繁殖戦略について学び，送粉者や種子散布者との関係を理解する．

2.1 森林生態系の構造

森林は陸域で最も構造が複雑な生態系である．森林生態系では，樹木が光合成によって固定したエネルギー（純一次生産量，3.1 節参照）のうち，草食動物や肉食動物を含む消費者が食べ物として利用できるのは葉や果実，花の蜜など，ほんの一部に過ぎない．食物として利用されない生産物＝「食べ残し」は，樹木体や土壌など，生態系の「構造物」になる．木のウロに営巣する鳥類や哺乳類，樹皮の裏に隠れる昆虫，落葉や土の中に住むミミズやダンゴムシなど，動物は樹木が生産する様々な構造物を住処（**ハビタット**）として利用している（武田，1992，1994）．陸上生物の 60％以上が森林に生息しているのは，生態系の構築者（ecosystem engineer）である<u>樹木が造り出す様々な「構造物」が，多様なハビタットを提供</u>するからである（図 2.1）．

2.1.1 垂直構造と群落光合成

同じ種類の樹木ばかりが一斉に植えられた人工林よりも，大きさの異なる様々な個体や樹種が混在する天然林のほうが，動物たちに多様なハビタットを提供する．樹木には実生，稚樹，幼木，若木，成木，老木といった様々な**成育段階**があり，数 cm の実生から数十 m の成木まで 1000〜10000 倍の高さに成長する．成木の樹高は樹種ごとに異なり，森林群集を構成する樹種は，最大樹高に達したときに**樹冠**（樹木個体の枝葉部分）が占める高さによって，**低木種**，**亜高木種**，高

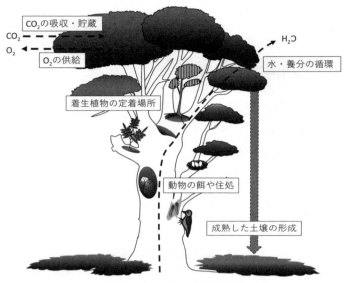

図 2.1 樹木の様々な生態系機能

木種に大別される．天然林では，**陽樹林から陰樹林へと遷移が進むにつれて，成育段階や最大樹高の異なる様々な樹種や個体が混在するようになり，垂直構造が発達し，梢から林床まで広い範囲に葉が分布するようになる**（口絵 4）．

　森林の垂直構造は，群集全体の光合成におけるエネルギー利用効率を規定する．太陽光は上方から供給されるため，**林冠**（高木，亜高木の樹冠が集まって形成される森林の枝葉部分）の最上部の葉は，**直射光**を最大限利用して光合成を行うことができるが，光合成の生化学反応はもともと水中で進化したものであるため，太陽の光エネルギーを 100% 利用することはできない．樹冠上層の葉（**陽葉**）は光の入射角に対して斜めに向くことで，利用しきれない光の一部を木漏れ日や**散乱光**として，樹冠の中・下層まで透過させ，下層の葉（**陰葉**）はこれらを利用して，光合成を行う．このため樹木の葉が最も多く分布するのは，樹冠最上部ではなく，上から 1/3 あたりである（図 2.2）．このように**樹木は，直射光から散乱光まで，様々な強度の光を利用して光合成を行う多様な葉（陽葉～陰葉）を樹冠内に適切に配置し，樹冠全体で光エネルギーを効率的に利用している**（第 3 章参照）．

　太陽の光エネルギーは，林冠表面から内部へと透過するにつれて一定割合ずつ減衰するため，森林内では高さにともなって急激に暗くなる（図 2.3）．この変化

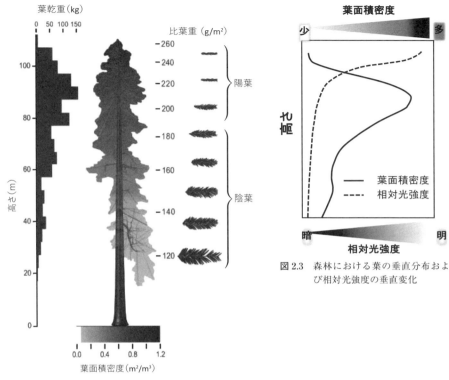

図 2.2 セコイアの巨木の葉の垂直分布および葉の形態の垂直変化（VanPelt and Sillett, 2016 を改変）

図 2.3 森林における葉の垂直分布および相対光強度の垂直変化

は指数関数で表される．

$$I_z = I_0 e^{-kF_z} \tag{2.1}$$

ここで，I_0 および I_z はそれぞれ，林冠表面（$z=0$）およびそこからの深さ z における光エネルギー量，e は自然対数の底，F_z は林冠表面から深さ z までの積算の葉面積を土地面積で割った比（**葉面積指数**，3.1 節参照）である．k は**吸光係数**といい，この値が大きいほどより多くの光が葉によって遮られることを表す．$\underline{F}$ および $\underline{k}$ が大きい，つまり葉量が多く，個々の葉がより多くの光を吸収する森林ほど，林床は暗い．葉が厚く，葉寿命が長い常緑広葉樹林や，植栽密度が高い常緑針葉樹の人工林において F および k の値は大きく，林床が暗い．一方，葉が薄く，葉寿命が短く，林冠が浅い落葉広葉樹林では林床まで光がよく届く．この法則は，海面から海底に向かうにつれて光が減衰する**ランベルト・ベール則**と同

じ現象で，植物生態学者の門司・佐伯の群落光合成理論によって植物群集に適用された．

群集全体の光合成量（**群落光合成**）は葉の垂直分布によって規定される（岩城，1979；丹下・小池，2016）．葉の多くは高木層にあるが，個々の樹冠内における陽葉と陰葉の光利用様式が異なるように，森林群集内において高木が利用し切れなかった木漏れ日や散乱光は，亜高木や低木によって利用される．したがって，<u>垂直構造の発達した森林ほど，樹種間，個体間における**光エネルギーの相補的利用**（light-use complementarity）が実現し，光エネルギーが無駄なく利用されるため，群落光合成が増大する</u>（石井，2010）．森林の垂直構造が発達し，生産者である樹木による光合成生産量が増えると，動物の食物やハビタットも増えるため，多様な生物が生息する，豊かな生態系になる（Franklin *et al.*, 2018；Ishii *et al.*, 2004）．

2.1.2 水平分布と生態過程

樹木は発芽してから枯死するまで，同じ場所で生活する**固着性**生物であるため，<u>森林における樹木個体の位置は，どこに種子が散布されたか，散布された場所で発芽できたか，発芽した場所で定着，成長できたか，など様々な**生態過程**によって決まる</u>．動物散布種子は，貯食（土中に埋めたり，木の中に隠す）や排泄など，動物の行動に依存するため，まとまって散布されることが多い（2.3節参照）．風などによってランダムに散布された種子であっても，倒木上など限られた場所でしか発芽，定着できない場合がある．たとえばエゾマツの場合，地面に落ちた種子のほとんどが発芽後に土壌中の暗色雪腐れ病菌に侵されて枯れてしまうが，倒木の上は病原菌が少ないため，定着し成長することができる．また，一般に倒木の上は林床に比べて明るく，実生の成長に適している．天然林ではしばしば成木が一列に並んでいることがあるが，これらは人が並べて植えたのではなく，実生が倒木上で発芽，定着した結果（**倒木上更新**）である．

さらに，森林の地形や土壌条件，光条件は均一ではないため，立地条件や成育条件の空間変異が樹木の分布パターンに影響を及ぼす．発芽，定着，成長に適した土壌条件（含水率，pH，養分物質など）は樹種ごとに異なるため，地形や土壌条件によって種の分布パターンが決まる場合もある．森林における樹木の分布を地図で表したのが，**樹木位置図**である（図2.4a）．<u>地形および樹木の根元位置を記すことで，尾根あるいは谷に多い樹種，互いに近い場所（**同所的**）あるいは</u>

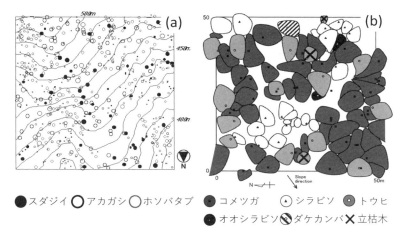

図 2.4 (a) 暖温帯常緑広葉樹林（九州）における樹木の水平分布（100 m×100 m）（森林総合研究所九州支所森林生態系研究グループのデータより作成），(b) 亜高山帯針葉樹林（長野県）における林冠木の樹冠投影図（50 m×50 m）（杉田他，2008 を改変）．
(a) 記号の大きさは胸高直径を表す．全体としてはランダム分布だが，樹種ごとに集中分布している．スダジイとアカガシは尾根に同所的に分布し，ホソバタブはこれらとは排他的に谷に分布している．(b) コメツガとシラビソは互いに排他的に集中分布しているが，トウヒは一様分布している．樹冠の形や根元位置からのズレは周囲の個体の影響による．

離れた場所（**排他的**）に分布する樹種など，それぞれの樹木の分布パターンから背景にある生態過程が推測できる．さらに，個々の樹木が占める空間は，その個体の成長やほかの個体との競争関係などの生態過程を反映している．樹木位置図に森林を真上からみたときの樹冠の範囲を表す**樹冠投影図**を書き加えることで，各個体が占有する水平面積を図示することができる（図 2.4b）．人工林では樹木は一斉かつ等間隔に植栽されるが，微妙な成長速度の差が時間とともに拡大し，より大きな空間を占有する**優勢木**と，競争に負けた**被圧木**が生じる．

　生態過程が何も働かなければ，樹木の水平分布は**ランダム分布**になるはずなので，逆にランダム分布から逸脱していれば，何らかの生態過程が働いた結果，分布パターンが形成されたと考えられる．動物散布や生育適地などにより，まとまって個体が分布すると**集中分布**に近づき，競争などによって，被圧個体が枯死し，生き残った個体同士の間隔が広がると**一様分布**に近づく（伊東，2010）．東北のヒバ林では，雪圧によって地面についた枝から根が出て，やがて垂直に立ち上がって新しい幹になる**伏状更新**が起こるため，遺伝的に同じ個体が集中分布する．ま

た，かつての薪炭林でも，人間による伐採によって生じた切り株から多数の萌芽が芽生える**萌芽更新**が起こるため，遺伝的に同じ個体が集中分布する．一方，花粉や種子散布が狭い範囲で行われると，遺伝的に似た近縁個体が集中分布する．病原菌や風倒，土砂崩れなどよって一定範囲内の個体が枯死することにより，林冠木がない**林冠ギャップ**が形成されるなど，樹木の分布パターンは枯死過程も反映している（2.2節参照）．

2.1.3 森林の構造，種組成の多様性と森林管理

同齢の単一樹種だけが植栽された人工林は，天然林と比べて構造が単純で，動植物の多様性が著しく低い（長池，2000）．人工林は木材生産以外にも，災害防止，水源涵養など環境や国土保全にかかわる**多面的機能**を果たしている（6.2節参照）．なかでも近年注目されているのが，**生物多様性保全機能**である．動植物の多様性を保全し，野生動物の住処を確保することは，農地における獣害を防ぐうえでも重要である．人工林の管理において，生物多様性の高い生態系を目標とするならば，様々な動物に食物や住処などの資源を提供できる，複雑な森林構造を創出することが求められる（長池，2002）．

植栽直後の人工林では，植栽木の成長の妨げになる雑草，雑木を除去する**刈払い**，**除伐**などの施業が行われるため，森林の構造が単純になる（丹下・小池，2016）．植栽木がある程度成長すると，これらの施業は不要になるため，林齢の増加とともに植栽種以外の樹種が亜高木層や低木層に，草本類が林床に定着し，徐々に植物の種数が多くなり，複雑な構造と多様な種組成をもつ森林になる．一方，植栽木が成長し，林冠が閉鎖すると下層に届く光が減少するため，一時的に植物種の多様性が低下する場合もある．林冠閉鎖後は，適度な間伐を実施して植栽木の成長を促しつつ，林冠に隙間をあけることによって林内の光環境を改善し，森林構造の発達を促すことができる．しかし，日本の人工林の多くは，管理者の高齢化や山村部の人口減少によって，適切な保育施業が実施できず，管理が粗放化もしくは放棄されているのが現状である．高い経験値と技術を要する従来の間伐施業を簡略化するため，立木を直線的にあるいはまとまった範囲で間伐する**列状間伐**や**群状間伐**などの施業法が考案された（図2.5）．列状・群状間伐のように半数程度の立木を伐採する強度間伐には，風倒や冠雪害による幹折れなどの自然攪乱によって形成される林冠ギャップと似た効果により，自然林を模した森林構造の創出や多様性の増大が期待される．北米では，材質に影響しない範囲で一部

の植栽木の樹冠部を伐採（**断幹**）し，幹折れなどの自然攪乱を模倣し，複雑な森林構造を創出することにより，樹冠や枯死木に営巣する動物のハビタットを創出するなど，生態系機能に配慮した施業が実施されている（Franklin *et al.*, 2018）．

　自然攪乱を模した施業の目的は，自然林にはあって人工林に欠けている構造的な特徴：①幅広い年齢や太さ，高さの樹木を含む発達した森林構造，②多様な生物にハビタットを提供する枯木や倒木，③肥沃で構造的に発達した土壌，などを創出することであり，攪乱によってもたらされる構造変化が種多様性の増大など，生態系機能の増進につながるという研究例を参考にしている．たとえば，多雪地域のスギ人工林で

図 2.5　スギ人工林における列状間伐

は，しばしば冠雪害による幹折れによって林冠ギャップが発生するが，皮肉なことに被害範囲が広く，ギャップ面積が大きい林分ほど，下層の植物種の多様性は高くなる（小谷・高田，1999）．枯木や倒木など木材生産上は価値のないものも，動物や菌類のハビタットとして重要な生態系機能を果たしており，これらの構造物を人工林内に積極的に残すことの重要性が見直されるようになった．

　人工林の収穫周期（スギ，ヒノキで通常 40〜60 年）は，森林火災や土砂崩れなどの自然攪乱によって自然林が再生する周期と比べてはるかに短いため，主伐による大規模攪乱後に森林の生態系機能が再生するまでの時間が限られている．欧米の**保持林業**では，収穫時に一部の立木や枝葉などの残材を林地に残すことによって，昆虫や菌類などの**生物的遺産**（biological legacy）を収穫後に再生する生態系に受け継ぎ，生態系要素の長期的な持続性を実現することを目的としている（6.1 節参照）．日本では，針葉樹人工林に止まり木や食物となる広葉樹を混植することで，鳥や動物を誘引して，種子散布による様々な植物の侵入を促進し，種構成や構造，機能などの多様性を創出する試みも始まっている．針葉樹に比べて広葉樹の葉は分解が早く，養分物質も豊富なため，混植は肥沃な土壌環境の創出にもつながる．生態系管理については第 6 章でより詳しく学ぶ．

　天然林の構造を把握するためや，人工林の構造を適切に管理するためには，樹

図 2.6 地上レーザーにより測量された 100 年生スギ・ヒノキ人工林の三次元構造のコンピュータグラフィック

木位置の測量や樹冠投影図の作成など，森林構造を測定する必要があるが，これには多大な時間と労力を要する．近年，写真やレーザー測量技術を用いて森林の垂直および水平構造を同時かつ半自動的に測定する方法が開発されつつある（加藤他，2014）．ドローンで撮影した連続写真とカメラの位置データを用いて，多視点から撮影された構造物の三次元形状を復元する技術（structure from motion 法）や，三次元レーザー測量機を用いて構造物の三次元座標を測定する技術などの発展により，森林構造を素早く，正確に測定し，その情報を森林管理に応用できることが期待される（図 2.6）． ［石井弘明］

発展課題
(1) 人間活動の拡大によって，生態系の構造が単純化しているとの指摘がある．人工林，里山，放棄里山，天然林，原生林など異なる森林生態系の構造を比較し，構造の単純化が生態系の生産性や多様性に及ぼす影響について考察しなさい．
(2) 論文やインターネットで公開されている樹木位置図を参照し，どのような分布パターンが観察されるか，またその背景にある生態過程は何かを考察しなさい．
(3) 人工林において生態系管理を実施した場合，その効果が現れるまでに長い年月を要する．複雑な森林構造を創出する施業がどのような効果をもたらすか予想するにはどうすればよいか．これまで提案されている様々な施業法の根拠となるデータがどの程度信頼できるか議論しなさい．

2.2 森林生態系の動態

　森林の動態とは，時間の経過に伴う森林構造の変化のことである．過去と現在を比べたときに，どこで，どの種の個体が新たに現れたか，またはいなくなったか，それぞれの個体の大きさや状態はどう変わったか，という変化が動態である．森林の構造ができあがった理由を探り，森林の未来を予測するためには，動態の把握が必要である．一方で，樹木の移入や定着，成長や死亡は，そのときの森林構造に左右されるので，動態を解析する際には森林の垂直構造や水平構造の情報が欠かせない．ここでは，森林のダイナミックな動きを紹介し，その積み重ねとして生じる森林構造との関係を解説する．

2.2.1 遷移と極相

　遷移（succession）とは，生態系の種組成や構造が時間の経過とともに比較的安定な状態に向かって変化することをいう．遷移は始まるときの状態によって，基質に生物がまったくいない状態から始まる**一次遷移**と，何らかの生きた生物体が存在する状態から始まる**二次遷移**に分けられる．

　遷移を引き起こす要因の1つに，生物の活動による環境の改変がある．保水力や養分物質に乏しい岩石や砂礫上の裸地に地衣類や植物が侵入し，その枯死体が堆積し，分解されると，土壌が形成されて新たな植物の侵入が促進される（4.1節参照）．遷移の初期段階においては，窒素固定を行う植物の役割も大きい（5.2節参照）．植物が繁茂するようになると，地表に届く光が遮断される．その結果，生育のために強い光を必要とする種の定着が抑制され，耐陰性（光の乏しい条件において生存，成長する能力）が高い種への置き換わりが起こる．このような生物の環境形成作用によって進む遷移を**自発的遷移**という．これに対して，海岸線の後退や土砂の流入による湖沼の陸地化など，生物がかかわらない環境の変化によって進行する遷移を，**他発的遷移**という．遷移が進行すると，種組成や構造の変化が小さく，長期間安定を続けるような植生が成立する．この最終段階を**極相**（climax）という．日本のように十分に温暖かつ湿潤な地域では，極相として森林が成立し（第1章参照），**極相林**と呼ばれる．

　極相とはどんな状態で，それは何によって決まるか，という問いに対しては，様々な説が提唱されてきた．これらの根底には対照的な2つの群集観，クレメン

ツ（F. E. Clements）が唱えた群集有機体説とグリーソン（H. A. Gleason）が唱えた個別説がある．**群集有機体説**では，群集とはその場の環境に適合した種が秩序に従って組み合わされた集合体であり，特定の種組成をもち，群集間には明確に区別できる不連続的な違いがあるとみなす．また，生物の個体が成長，成熟するように，群集も発展してある最終段階に至ると考える．この考えに基づきクレメンツは，1つの気候帯にはただ1つの気候的極相があるとする**単極相説**を唱えた．タンズレイ（A. G. Tansley）は，同じ気候条件下にも地形，土壌条件，生物の影響などによって異なる極相が成立するという**多極相説**を唱えたが，やはり群集有機体説の立場を取っていた．

　これに対しグリーソンは，種の分布は互いに独立で，群集とはそれらが重複したものであり，同じような環境を要求する種や時には偶然移入してきた種も含む集まりであると考えた．この個別説に基づきホイッタカー（R. H. Whittaker）は，それぞれの種の分布は環境傾度に沿って連続的に変化するものであり，それらが重複して出来上がった植生には明確な境界はないと考えた（**植生連続体説**，1.3節参照）．そして，遷移の結果生じる変化の少ない分布の重なり方を極相パターンと呼んだ（**極相パターン説**）．

　以上のように，極相概念は長く論議の対象であったが，遷移が進んで到達する安定した状態であるという認識は共通している．しかし，日本を含む世界各地の極相林は，発達した林冠が一様に広がる変化の少ない生態系ではなく，次に述べる攪乱による破壊とそれに続く再生が繰り返されるダイナミックな生態系であることが知られている．

2.2.2　攪　　　乱

　極相に達した生態系，あるいは極相に向かいつつある遷移途中の生態系が破壊されることがある．生態系の構造を破壊し，生物にとっての食物や住処を含む物理環境を改変する時間的に不連続なできごとを**攪乱**（disturbance）という．攪乱には，自然現象である**自然攪乱**と，人間が生態系に手を加えることによって引き起こされる**人為攪乱**がある．時間的に「連続」か「不連続」かの区別は，研究者によって解釈が異なる．

　森林構造を破壊する自然攪乱には，強風，土砂崩れ，洪水，野火，火山の噴火などが，人為攪乱には，森林伐採，火入れ，農薬散布などがある（口絵5）．攪乱によって樹木が枯死し，森林の林冠層に空隙が生じると，その場所では，光量

が増える，地温が上がる，風当たりが強くなるなど，環境が変化する．この空隙のうち，自然攪乱による 1〜数十本の林冠木の死亡や損傷によって生じる数〜数千 m^2 の空隙を**林冠ギャップ（ギャップ）**という．ギャップの形成をきっかけに始まる二次遷移を**ギャップダイナミクス**という．<u>安定した極相林であっても，あちらこちらでギャップの形成とその修復が起きており，ギャップから成熟した林冠まで，様々な発達段階がモザイク状に混在している</u>（図 2.7）．

一口に攪乱といっても，狭い範囲の軽微な破壊から大面積が徹底的に破壊されるものまで面積や影響度は様々である．発生の頻度も，毎年発生するようなものから数百年に一度程度のめったに起きないものまで幅がある．面積，影響度，再来間隔，予測性など，様々な観点に注目した攪乱の性質を**攪乱体制**といい，攪乱体制が異なれば，回復プロセスも違ったものになる（図 2.8）．

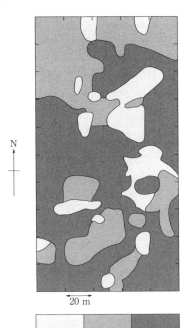

図 2.7　森林の発達段階のモザイク構造（Whitmore, 1984 より作成）．

a.　外部からの種子散布による回復

強い攪乱によって林冠木だけではなく林床植生や土壌も破壊されると，生きている植物体がない裸地が生じ，**一次遷移**が始まる．この場合，森林の回復は外部から運ばれてきた種子から始まる．火山島である東京都三宅島では，溶岩の堆積によって生じた裸地に最初に侵入した樹木は，風に散布される小型の種子をもち窒素固定を行うオオバヤシャブシであった（上條，2008）．続いて鳥類などの移動能力の高い動物によって種子が散布されるタブノキやオオシマザクラが侵入した．

b.　残された種子，実生，稚樹からの回復

攪乱によって林冠木が死亡しても，土壌や林床の植物体が生存している場合は，地中で休眠状態にある**埋土種子集団**や，攪乱後生存している**前生稚樹集団**も森林の回復を担う．**二次遷移**の始まりである．アカメガシワの種子は地中で 20 年以

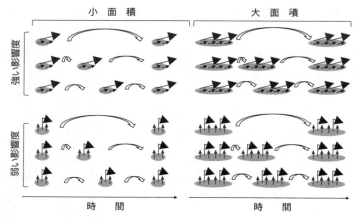

図 2.8 面積，影響度，再来間隔に注目した攪乱体制
左側は面積の狭い攪乱を，右側は広い面積が破壊される攪乱を示す．上段は，林床の個体を含むすべての個体が倒れる影響度の大きい攪乱を，下段は林冠木の幹だけが折れる影響度の小さい攪乱を示す．再来間隔が一定ではない攪乱は予測性が低い．

上休眠することができ（小澤，1950），ギャップ形成にともなう温度の上昇を感知して発芽する．実生や稚樹の段階で環境条件の好転を待つ種もある．針広混交林の優占種であるトドマツの稚樹は，閉鎖林冠下にも多く，ギャップ形成後に急速に伸長成長し，最終的には林冠を占有する．

c. 林冠木の樹体の回復

林冠木が損傷を受けても死亡しなかった場合は，生き残った植物体の不定芽や潜伏芽からの萌芽が森林回復に果たす役割が大きい（3.3 節参照）．残った樹体から新しい幹や枝が発生し，再び林冠木にまで成長する．鹿児島県屋久島の常緑広葉樹林では，台風によって損傷した 2000 本余りの幹のうち 17% から萌芽が発生した（Bellingham *et al.*, 1996）．萌芽力は，近縁種間でも大きく異なる場合がある．日本の夏緑樹林の優占種であるブナは，主に種子や前生稚樹によって更新する．一方，同属のイヌブナでは，種子生産量が少なく実生の死亡率も高いが，萌芽をさかんに生産することによって定着した個体を維持し続ける（大久保，2002）．

2.2.3 遷移のメカニズム

森林の回復過程において，それぞれの樹種が果たす役割は多様であるが，攪乱体制や遷移段階ごとに適応的な生活史戦略がある．

表 2.1 r 選択と K 選択の特徴（Pianka, 1970 より作成）

特徴	r 選択	K 選択
気候の変化	大きい，または不規則な変化	安定，または規則的な変化
死亡の密度依存性	なし	あり
個体数		
個体数の変化	激しく，平衡がない	安定していて，平衡状態にある
個体密度	環境収容力よりも低い密度	環境収容力に近い密度
個体の侵入	毎年繰り返される	再侵入なしで個体群を維持
生物群集	飽和していない	飽和している
種内競争，種間競争	緩やか	厳しい
選択形質		
成長	速い	遅い
繁殖開始	早い	遅い
体のサイズ	小さい	大きい
繁殖回数	1回	多回
子のサイズ	小さい	大きい
産子数	多い	少ない
寿命	短い（1年以下が多い）	長い（1年以上が多い）
遷移の段階	初期	後期，極相

a. r 選択と K 選択

r **選択**，K **選択**とは，環境条件に依存した自然選択の様式であり，個体数や現存量を急速に増殖させる形質をもつ種（**r 選択者**）と，個体数または現存量を最大にできるような形質をもつ種（**K 選択者**）を対置させている（表 2.1）．r および K はそれぞれ，個体群成長を記述するロジスティック曲線の 2 つのパラメーターである**内的自然増加率**および**環境収容力**に由来する（図 2.9）．

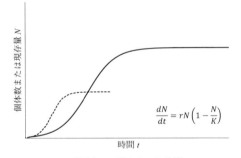

$$\frac{dN}{dt} = rN\left(1 - \frac{N}{K}\right)$$

図 2.9 ロジスティック曲線
内的自然増加率（r）が大きい種（破線）は，時間（t）の経過にともない個体数または現存量（N）を急速に増加させ，環境収容力（K）が大きい種（実線）は，平衡状態において大きい N を維持する．

b. 先駆種と極相種

森林樹木を，出現する遷移段階によって類型化すると，遷移初期に出現する**先駆種**（**遷移初期種**，**陽樹**）は，樹木が混み合っておらず資源の奪い合いが激しくない開けた場所に顕著に現れる．一方，遷移後期に出現する**極相種**（**遷移後期種**，**陰樹**）は，樹木が密集した極相林の林冠を構成する．先駆種は，r 選択者に，極

表2.2 樹木の先駆種と極相種の特徴の比較 (Finegan, 1984 より作成)

特徴	先駆種	極相種
種子散布	風,鳥,コウモリによる長距離散布	げっ歯類,鳥,重力による短距離散布
種子重	軽い〜重い	重い
光発芽性	あり	なし
赤外光による発芽抑制	あり	なし
寿命	短い	長い
繁殖開始齢	若齢	高齢
樹高成長	速い	遅い
繁殖開始時の樹高	低い	高い
資源獲得	速い	遅い
光飽和点	高照度	低照度
資源不足からの回復	速い	遅い

図 2.10 アカメガシワ(左,直径 4 mm,重さ 23.5 mg)とトチノキ(右,直径 40 mm,重さ 12000 mg)の種子
アカメガシワの種子は小さく,鳥類によって広く散布される.トチノキの種子は大きく,長距離散布される頻度は低いが,耐陰性の高い実生が芽生える.この 2 種を比べると,アカメガシワは r 選択者としての,トチノキは K 選択者としての性質が強い.

相種は K 選択者に相当する(表2.2).先駆種のアカメガシワと極相種のトチノキを比べると,前者は鳥によって種子が散布され,ギャップで旺盛に発芽,成長し,寿命が短いが,後者は大型の種子をもち,耐陰性が高く,長寿命で,巨木に成長する(図 2.10).ただし,北米のベイマツのように樹高が高くなることで極相種による被陰を逃れ,突出木として長生きする先駆種もある.

c. C-S-R モデル

植物の生活史戦略は,他種との競争のほかに**ストレス**と**撹乱**という三要因に対する適応のしかたによって分類できる(図 2.11).ストレスとは,弱光,貧栄養,乾燥,低温などのことで,この程度が高いほど植物の物質生産速度は低下する.また,撹乱の程度が高いほど変化が激しい不安定な環境になる.

ストレス,撹乱ともに程度が低く,資源が豊富で安定した環境では,植物は旺盛に成長できる.このような環境では,他種との競争が激しくなるため**競争戦略**にたけた **C 戦略種**(competitive species)が生き残る.撹乱の程度は低いがス

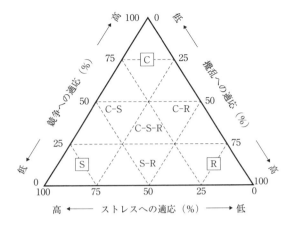

図 2.11 植物種の C-S-R モデル（Grime, 1977 より作成）
Grime は植物種の生活史において，競争，ストレス，攪乱の 3 つの要因がもつ相対的な重要性をもとに生活史戦略を類型化した．C：競争戦略，S：耐ストレス戦略，R：攪乱依存戦略．

トレスが大きい環境では，資源の乏しさを克服する**耐ストレス戦略**をとる **S 戦略種**（stress-tolerant species）が有利になる．資源を無駄なく利用するため，葉の寿命が長い，繁殖開始が遅い，成長が遅いなどの特徴をもち，低温や乾燥ストレスの大きい高山帯や暗い林床に生育する植物に多い．ストレスの程度は小さいが攪乱の程度が高い環境では，激しい環境変化に適応した**攪乱依存戦略**をとる **R 戦略種**（ruderal species）が有利になる．成長が速い，繁殖開始齢が若い，繁殖に分配される光合成産物の割合が高い，といった特徴をもち，攪乱の再来間隔よりも短い時間で生活史を完結させる一年生草本が R 戦略種の典型である．なお，ストレスが大きく攪乱の程度も高い環境では，植物は生育できない．この類型化は，3 つの戦略の頭文字から **C-S-R モデル**と呼ばれている．

C-S-R モデルを森林樹木に適用すると，典型的なものから中間的なものまで多様な戦略がみられ，各樹種の生活史戦略は生態的特性と関連している．北米の温帯林では，繁殖開始年齢が高く，寿命が長いアメリカブナは S 戦略種である．一方，成長が早く，繁殖年齢が低く，寿命が短いグレイバーチは R 戦略種である．さらに，これら 2 種の中間的な性質をもつユリノキは C 戦略種である（Wonkka et al., 2013）．

C-S-R モデルと r 選択・K 選択の関係をみると，短い攪乱間隔の中で急速に成長して個体数を増やす R 戦略種は r 選択者，頑丈な体を作り個体数や現存量の減少を小さくする S 戦略種は K 選択者である．C 戦略種には r 選択者と K 選択者の中間的な種が含まれる．上記のような類型化では，複数の戦略を対比させ

ているが，実際の環境条件は連続的に変化するため，生活史戦略も中間的なものを含めて多様である．また，各種の戦略がどれにあたるかということは，他種との相互関係によって相対的に決まるものである．

2.2.4　森林の更新

<u>森林における**更新**</u>とは，<u>樹木個体または集団の世代交代をさす</u>．ある個体が死亡すると，それが生えていた場所は，新たな個体が定着できる空き地となる．更新のプロセスは，この空き地を巡る個体間および種間の陣取り合戦であり，その成否にはいくつもの要因がかかわる．

a.　種子散布

樹木個体がある場所に定着するためには，その場所にたどり着かなければならない．樹木の移動手段は，根からの萌芽や伏状更新などの栄養成長による拡散を除けば，種子散布に限られる．種子が重力で落下するだけなら，種子散布は親木の周囲の狭い範囲に限られるが，風，水流，動物などの力によって，親木から離れた場所に運ばれることにより，多くの種子の中から定着に適した場所にたどり着くものが生まれる．

埋土種子は，時間を飛び越えて散布される種子と捉えることができる．埋土種子集団の形成は，種子の状態で環境条件の好転を待ち，発芽に適した環境にたどり着く戦略である．奈良県春日山の照葉樹林の地中からは，22種類の樹木の埋土種子がみつかっている（Naka and Yoda, 1984）．

b.　発芽・定着

種子が発芽し，定着するために必要な立地条件（照度，温度，湿度，pHなど）を備え，かつ，病原体や植食者の影響が小さい場所のことを**定着適地**という．発芽や定着に必要な条件は樹種によって異なるため，森林内に多様な環境が混在していることが，種の多様性を支える．たとえば，宮崎県綾の照葉樹林では，定着適地の違いによって谷に集中分布する種や，尾根，斜面に分布する種があり，多種な樹種が共存している（図2.4参照）．

立地条件に加えて病原菌や植食者などの天敵が少ないことも定着適地の条件である．ジャンセン（D. H. Janzen）とコネル（J. H. Connell）は，**ジャンセン-コネルモデル**（Janzen, 1970）と呼ばれる以下の仮説をほぼ同時に提唱した（図2.12）．①種子や実生の単位面積あたりの数は，親木に近い場所ほど多く，遠く離れるにしたがって少なくなる．②しかし，その種に特異的な病原菌や植食者からの攻撃

により，親木の近くの種子や実生はほとんど死亡する．③一方，親木から離れた場所で発芽した種子や実生は，これらを免れ生き残る．④親木の近くでは，その樹種ではなく他種が更新するため，多様な樹種が共存する．このモデルは，熱帯多雨林の樹木の種多様性を説明するものであるが，温帯でも支持する結果が得られている．東北地方の夏緑樹林において，ウワミズザクラの当年生実生の密度は親木に近いほど高かった．しかし，ウワミズザクラ角斑病（かくはんびょう）に罹病（りびょう）し

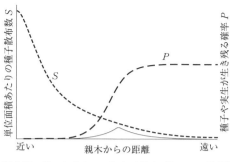

図 2.12 ジャンセン-コネルモデル（Janzen, 1970）の模式図

親木の直下には多くの種子（S）が散布されるが，種子や実生の生存率（P）は低い．逆に，親木から離れた場所では，子の生存率は高いが，種子はほとんど散布されない．したがって，親木から少し離れた場所で子が生き残る（実線）．

た親木の葉が落下することによって病気が実生に感染し，実生の死亡率は親木に近いほど高かった（Seiwa, 2010）．結果的に，実生は親木の近くに集中分布するが，成木にまで成長したときにはランダム分布するという水平構造が生じる．

c. 成長と競争

　成長過程では，光，水，養分などをめぐる樹木個体同士の競争が起き，劣位の個体の成長抑制や死亡が起きる．<u>個体密度が高いほど競争が厳しくなるが，固着性の樹木にとっては，各個体の周囲の局所的な混み合い度の影響が大きい</u>．たとえば，スイスのヨーロッパアカマツ林では，5 m 以内にある他個体の影響により，混み合い度が高いほど成長が悪かった（図 2.13）．

　植物個体間の競争には，個体 A の存在は個体 B の成長に影響を及ぼすが，B の存在は A に影響しないという**一方向的競争**（one-sided competition）と，A と B が互いに影響を及ぼし合う**双方向的競争**（two-sided competition）がある．一方向的競争の典型は光を巡る競争で，サイズの大きい個体は光を遮ることによって小さい個体の成長に負の影響を及ぼすが，小さい個体は大きい個体が得られる光量に影響しない．一方，地下の水分や養分を巡る競争は，すべての個体がそのサイズに比例した影響を相手に与えるため，双方向的になる．一般に森林の樹木個体の生存や成長に関しては，一方向的競争の効果のほうが大きいが，サイズが似た個体同士の間では双方向的競争の効果が検出されることもある（図2.14）．

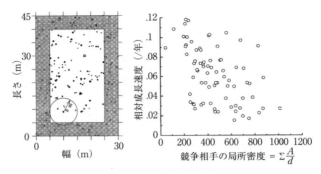

図 2.13 スイスのヨーロッパアカマツ林における個体の成長に対する競争相手の局所密度の影響 (Stoll *et al.*, 1994 を改変)
A は個体の胸高断面積, d は個体間距離, 半径 5 m 以内の他個体の影響を評価する混み合い度の指標として A/d の総和を用いた.

競争の効果は水平構造の変化にも現れる. **種内競争** (intraspecific competition) の結果, 局所密度の高い場所に生育している個体が死亡するにつれて, 生き残った個体間の距離が大きくなり, 樹木個体の分布は集中度の低い一様分布に向かって変化する. しかし, **種間競争** (interspecific competition) の効果が大きく, 競争力の弱い種が競争相手の密度が低い場所だけで生残できる場合は, 集中分布になることもあり (Nanami *et al.*, 2011), 結果として異種個体が排他的に分布する (2.1 節参照).

ある種の存在が他種の更新を促進する場合もある. たとえば, 低木種の樹冠下では, その枝葉に覆われることによって, 強光, 乾燥, 霜害, 草食動物の摂食から守られるため, 高木種の実生の生存率が高くなることがある. この低木のように, 樹冠による被覆が他種の定着を助長する植物を**ナースプラント**と呼ぶ. ナースプラントは他種の定着適地を提供する植物であり, 結果として異種個体同士が同所的に分布する.

Grubb (1977) は更新に必要な条件の組み合わせを**更新ニッチ** (regeneration niche) と呼んだ. 定着適地をはじめ, 送粉昆虫や種子散布動物の存在, 競争相手の不在, 樹種によっては森林構造を破壊する攪乱の発生なども含めた様々な条件が満たされたとき, 更新が可能になる. 森林を構成する樹種の更新ニッチがどのように満たされているか, あるいは満たされていないのかを考えることは, 森林動態を解析するにあたって重要である.

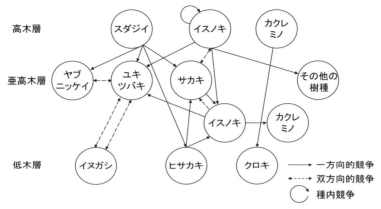

図 2.14 長崎県対馬の照葉樹林における個体の成長に対する樹種間の競争効果（Nishimura *et al.*, 2003 を改変）

2.2.5　森林の更新を取り巻く今日の日本の問題

現在の日本では，人間活動による森林面積の減少にはある程度歯止めがかかったようにみえる．しかし，森林の中では新たな脅威による林冠木の枯死や更新阻害が進行しつつある．

大型草食動物，とくにニホンジカによって，日本各地で森林樹木の実生や稚樹が採食され，森林の更新に深刻な影響が広がっている．この中には，ユネスコの世界自然遺産である知床や屋久島の森林も含まれている．シカの個体数の増加の原因として，狩猟圧の低下や地球温暖化による積雪量の減少があると考えられている．

生物が本来の生息地ではない場所に人によって持ち込まれ野生化することを**生物学的侵入**という．生物学的侵入に成功する外来植物は，攪乱依存戦略や競争戦略にたけた草本がほとんどであり，頻繁に人為攪乱を受ける都市的な環境に多い．森林に侵入する外来樹木も，遷移の途中にある二次林に侵入しているトウネズミモチやニワウルシ，林冠ギャップに依存して更新するアカギやニセアカシアのように，ある程度開けた明るい場所で更新する種がほとんどである．中にはナンキンハゼのように，毒性があるためシカに食べられないことによって森林への侵入に拍車がかかっている樹種もある．

人為の影響による樹木病害も，森林動態に影響を与える．マツ材線虫病（マツ枯れ）は，マツノマダラカミキリが媒介するマツノザイセンチュウという線虫の

感染が原因で，マツ科樹木が枯死する病害である．被害の拡大がみられたのは1940年代と比較的古いが，マツノザイセンチュウは北米原産の外来種であることから，近代以降の人間活動が引き起こした問題である．マツ枯れ同様に樹木が立ち枯れる病害に，ブナ科樹木萎凋病(いちょうびょう)（ナラ枯れ）がある．ナラ枯れは，カシノナガキクイムシが媒介するナラ菌の感染によって，ブナ科の中でも主にコナラ属樹木が罹病する．全国的な被害の顕在化は1980年代であり，増加の原因として，薪炭林として利用されていた里山が放置されコナラ属樹木の大径木が増加したことなど，人為の影響が指摘されている．

　以上の今日的な問題は，伐採や開発など人間が直接森林に手を加えた結果ではない．しかし，いずれの背景にも，狩猟圧の低下や里山管理の放棄，国境を越えた物資の移動など，ローカルまたはグローバルな人間活動の変化がある．すでに様々な対策が講じられているが，いまだ解決には至ってはおらず，研究と対策の継続が望まれる．　　　　　　　　　　　　　　　　　　　　　　　　［名波　哲］

発展課題
(1) 先駆種であるアカメガシワやヌルデの埋土種子は，地温の上昇をシグナルとして発芽する．林冠ギャップに定着するために，温度をシグナルとする意義について考察しなさい．
(2) ギャップダイナミクスと大面積一斉更新（数百本以上の林冠木の死亡・損傷からの回復過程）は，どちらも森林の破壊と再生の過程である．両者を攪乱面積に応じて区別するという立場は，どのような考えに基づくものか，考察しなさい．
(3) 極相林の植生を，発達段階の異なる不連続な群集のモザイク（図2.7）とみなす立場は，どのような考えに基づくものか，考察しなさい．
(4) 環境省や国際自然保護連合（IUCN）のホームページにアクセスして，日本を含む世界の諸地域で外来種として野生化している樹種や持ち込まれた経緯を調べなさい．また，国外で野生化している日本産の木本がないか調べなさい．

2.3　繁殖，送粉，種子散布

2.3.1　繁　　殖

森林植物には，様々な栄養器官から殖える**栄養繁殖**を行うものと，花を咲かせ種子を形成する**種子繁殖**を行うものがいる．栄養繁殖は，根（塊根など），地下

茎（塊茎，根茎，匍匐枝など），葉（むかごなど）によって殖えることである．森林伐採後は，残された切株や根から，種子を介さずに栄養繁殖によってすみやかに森林が回復することがある（**萌芽更新**，2.1.2 項参照）．

被子植物の多くは種子繁殖を行う．雄ずい（おしべ）の先端にある葯で花粉が，雌ずい（めしべ）内部の胚珠で胚嚢が形成される．花粉は柱頭について（受粉），花粉管が伸びて雌ずい内部の胚珠で受精が行われる．このような，雄ずいで生産された花粉を雌ずいの柱頭に運んだり，付着させたりする過程を**送粉**（花粉媒介）と呼ぶ．受精後，子房が果実に，胚珠が種子となる．

植物は同一個体の花粉が柱頭につく**自家受粉**，他個体の花粉がつく**他家受粉**のいずれか，もしくは両方を行う．自家受粉には一個体で種子生産を行える利点があり，多くの植物種は同一花粉でも受精できる**自家和合性**をもつ．また，他家受粉が行われないときは，同一個体の葯を柱頭に近づける自動的自家受粉が行われることもある．さらに，スミレ類のように開花自体を行わない閉鎖花をつけて自家受粉を行う種もいる．

一方で，自家受粉では有害遺伝子が蓄積しやすく，繰り返し行われることで表現形質の劣化（**近交弱勢**）が起こる．近交弱勢によって次世代の生存率，繁殖率などが低下することがある．このような近交弱勢を避けるため，サクラ類のように自家受粉によって種子ができないような**自家不和合性**という機構をそなえている植物もある．同一個体の花粉が柱頭についた段階から，花粉管を伸長し，最終的に受精するまでに，様々な段階で不和合性が発現する．同一個体の花粉が柱頭につく前にも自家受粉を妨げる様々な様式もある．たとえば，コナラのように雄ずいと雌ずいの位置を空間的に離れた位置に置くこと（**雌雄離熟**(しゆうりじゅく)）があげられる．また，ホオノキなどのように雌ずいと雄ずいの成熟時間をずらすこと（**雌雄異熟**(いじゅく)）もある．

植物の性表現は極めて多様である（菊沢，1995）（表 2.3）．雄ずいと雌ずいの両方を有する両性花と，それぞれが別々に配置された**雌雄異花**(いか)（単性花）がある．さらに，植物個体ごとに両性花のみをもつ植物種や，同じ個体内に雄花と雌花をもつ種（雌雄同株(どうしゅ)），雌花と両性花をもつ種（雌性両全性同株(しせいりょうぜんせい)），雄花と両性花をもつ種（雄性両全性同株(ゆうせい)）などがみられる（表 2.3）．加えて，植物種内の各個体が雄もしくは雌の異なる役割をもつこともあり，雄個体と雌個体に分かれる種（雌雄異株(いしゅ)），雌個体と両性個体がある種（雌性両全性異株），雄個体と両性個体がみられる種（雄性両全性異株）などがある．また，ウリハダカエデやアカギの

表 2.3 多様な植物の性表現（菊沢，1995 より作成）

性表現		特徴	例
両性花	hermaphrodite (flower)	同一の花に両性器官が存在	クスノキ, ヤマザクラ, ヤブツバキなど
雌雄同株	monoecy	同一個体に雄花と雌花が存在	スダジイ, イヌシデ, アカメヤナギなど
雌性両全性同株	gynomonoecy	同一個体に雌花と両性花が存在	アカテツ属の一種など
雄性両全性同株	andromonoecy	同一個体に雄花と両性花が存在	エノキ, トチノキなど
雌雄異株	dioecy	雌個体と雄個体が存在	ソヨゴ, クロモジ, ヒイラギなど
雌性両全性異株	gynodioecy	両性個体と雌個体が存在	ナニワズなど
雄性両全性異株	androdioecy	両性個体と雄個体が存在	マルバアオダモなど

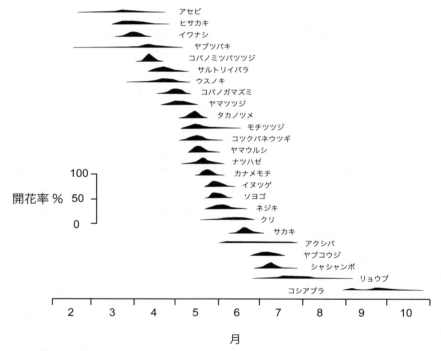

図 2.15 京都市近郊の二次林における開花フェノロジー（Osada *et al.*, 2003 より作成）

ように雌雄異株であっても，同一個体が雄株から雌株へと成長に従い性転換することもある．

　温帯林では年に1回，特定の季節に開花する植物種が多い．たとえば，春から初夏にかけて多くの種が開花する（図2.15）．一方で，特定の季節に開花が集中しすぎると，花粉媒介者をめぐる競争が植物種間で起こる．このため開花は早春から秋まで連続的にみられるようになり，このような季節変化を**開花フェノロ**

ジーと呼ぶ（井上・加藤，1993）．また，結果や結実の季節変化を**結実フェノロジー**と呼ぶ．一方，季節のない熱帯林では，年に複数回開花する植物種もあり，一年中様々な種が開花する．

2.3.2 送　　粉

　森林植物の花粉は主に風か動物によって運ばれる．温帯林や北方林の樹木には，風によって花粉媒介される**風媒**（ふうばい）の種が比較的多い．スギやヒノキなどの針葉樹，ヤマモモやコナラ，ケヤキ，シラカバのような広葉樹も風媒である．これらの樹種は大量の花粉を飛ばして雌ずいに到達させる必要があり，その繁殖成功は同種個体の密度に依存する．そのため，個体密度が高い植物種で風媒が多い．一方で，熱帯林や亜熱帯林では植物種数が多く，各種の個体密度が低いため風媒は少ない．

　被子植物のうち約88％の種が動物によって花粉媒介されている（Ollerton et al., 2011）．被子植物の多くは，花粉や花蜜を報酬に動物を誘引し，効率的に送粉するよう進化してきた．花粉を媒介する動物を**送粉者**（そうふんしゃ）（pollinator）と呼び，昆虫類，鳥類，哺乳類，爬虫類など，多様な送粉動物が知られる．各種の送粉様式は虫媒，鳥媒というように対応する送粉者に「媒」をつけて呼ばれる（井上・加藤，1993）．植物は，花の色，形態，開花時刻など，送粉者のグループに対応した特徴を進化させており，これを**送粉シンドローム**と呼ぶ（井上・加藤，1993）．たとえば，鳥媒植物の花は赤く，花筒がやや長い（口絵6）．

　虫媒は世界中で最も多くみられる送粉様式である．チョウおよびガ類，ハナバチ類，ハエ類，甲虫類などが花を訪れ蜜や花粉を摂食する過程で，受動的に花粉が体に付着して運ばれることが多い．ごく一部の昆虫（イチジクコバチ類など）では能動的に花粉を柱頭に付着させる行動を示すものがいる．一方で，花に訪れる昆虫の中には，花蜜だけを摂取し，花粉を運ばないものもある（**盗蜜**（とうみつ））．植物は盗蜜を防ぐために，しばしば細長い**花筒**（かとう）や**距**（きょ）を発達させる．このような細長い花筒や距から効率的に花蜜を摂取するために，チョウおよびガ類，ハナバチ類，ハエ類の中には，細長い口器を発達させたものがいる．たとえば，マダガスカル産のスズメガ科の一種とラン科の一種で知られているように，極端に長い口器と極めて長い距が進化することがある．

　多くの植物種は，送粉を多様な昆虫種に頼る**ジェネラリスト**である．日本の森林を主に構成する多くの木本植物は，多様な昆虫類が訪れる花をつける．例えば，スダジイやリョウブ，クマノミズキなどでは，小型で蜜源が浅い花からなる大き

な花序を林冠につけ（口絵7），ハナバチ類，ハエ類，甲虫類，チョウおよびガ類など様々な昆虫類が訪れ，送粉される．また，林床や林縁に生える低木や草本植物では，やや蜜源が深く下向きの花をつけるものが多い．このような花にはマルハナバチ類が主に訪れ，送粉される．一方で，特定の種に送粉を依存する**スペシャリスト**は，その送粉者の絶滅によって繁殖に失敗し共絶滅しやすい．そのため1種のみの昆虫に送粉を依存する植物種は少ない．例外として，先に紹介したイチジクコバチ類のような能動的な送粉行動を示す昆虫とその植物に送粉される植物では，特殊化した相互作用をもつことが多い．たとえば，日本のイチジク類では，イヌビワがイヌビワコバチのみに，ガジュマルがガジュマルコバチのみに送粉される．

　鳥媒は熱帯林で多く，ハチドリ類，ミツスイ類などが主な送粉者として知られている．鳥媒の植物は日本には極めて少ないが，ヤブツバキやマツグミ，オオバヤドリギがメジロなどの鳥に送粉される（Funamoto and Sugiura, 2017；北村, 2015）（口絵6）．哺乳類では，オオコウモリ類による送粉が熱帯林や亜熱帯林でしばしばみられる．南西諸島ではウジルカンダ（マメ科）がクビワオオコウモリに送粉される（Nakamoto et al., 2009）．コウモリ以外の哺乳類や爬虫類によって送粉される植物はかなり珍しい．しかし，島嶼環境のような他の送粉者が少ないような環境では爬虫類による送粉がみられることがある（Olesen and Valido, 2003）．

2.3.3　種子散布

　植物は固着性なため，種子散布は分布域を拡大する手段として極めて重要である．散布される植物器官は**散布体**（propagule）と呼ばれ，森林植物の散布体は種子や果実が多い．海岸に生育する植物の中には散布体が海流によって運ばれるものもあるが，森林植物の種子や果実は主に風や動物によって運ばれ，それぞれ風散布や動物散布と呼ばれる．また，種子散布を担う動物を**散布者**（seed disperser）という．風や動物に散布されず地面に落下する場合は重力散布という．風や重力，動物によって種子や果実が別の場所に運ばれる過程を**一次散布**，さらに別の媒体によって散布される場合は**二次散布**と呼ばれる．二次散布の例として，果実が鳥類によって食べられて糞として排泄された種子が，さらにアリ類によって運ばれる場合や，重力散布された堅果（ドングリなど）が野ネズミによって運ばれる場合がある．

種子が親植物から遠くに散布される適応的意義はいくつかある．親植物の周囲には，その種に特異的な植食性昆虫や病原菌などの天敵が多い．実生は，このような天敵から離れた場所に定着するほうが生存率は高くなる．また，陽樹など耐陰性の低い樹木の場合，親木の近くは暗すぎて，実生にとって定着適地とは限らない．種子が遠くに散布されることで，定着適地に到達できる可能性が高まる．

　風で運ばれる果実や種子には，しばしば翼をもつ種がある．たとえば，熱帯林の高木層を構成するフタバガキ科樹木の果実は2〜5枚の大型の翼をもつ．樹高が高いほど風にのって果実が遠くまで運ばれるため，風散布を行う樹種は高木が多い．

　動物によって果実や種子が運ばれる**動物散布**には，動物の体表や毛に付着して種子が運ばれる**付着散布**と，果実が動物に食べられ運ばれる**被食散布**に分けられる．付着散布は草本植物に多く，森林植物では被食散布が多い．さらに被食散布は，果実を食べるために移動させたが，その食べ残しから種子が発芽する**食べ残し型**と果実が食べられ一定時間後に糞と一緒に種子が排出される**周食型**に分けられる．被食散布される果実は，水分や栄養が豊かな被食部（果皮，果肉，花托など）で動物を誘引する．果実ごと食べられても種子は消化されず糞として排泄されるが，果肉などが動物の体内で消化されることで種子の**発芽抑制**が解除される場合もある．また，種子食動物によって摂食されると種子の発芽能力は失われるが，貯食によって放置された種子が生き残ることがある．このような種子散布は**貯食散布**とも呼ばれる．

　種子散布を担う動物には鳥類や哺乳類，爬虫類，昆虫類がみられる（上田，1999a, b）．鳥類による種子散布は熱帯林だけでなく温帯林でも広くみられる．たとえば，日本のどこでも普通にみられるヒヨドリは，様々な森林植物の果実を摂食し種子散布に貢献している．また，種子食のヤマガラやカケスは貯食散布を行う．鳥類が種子を運搬する距離は親木から数mから数百mの範囲であることが多い．

　哺乳類も様々な森林植物の種子や果実を摂食し，種子散布を担っている（上田，1999a, b）．日本ではツキノワグマやニホンザル，テンは積極的に木登りをして果実を食べ，移動や排泄を通して種子散布に貢献している（Naoe *et al.*, 2016）．たとえば，森林に生息するツキノワグマはカスミザクラの種子を低山から数百m標高が高い森林へと運んでいる．アカネズミやヒメネズミなどのげっ歯類はブナ科の堅果を摂食するが貯食散布を行う．

爬虫類では，ほかの散布者が少ない島嶼環境でリクガメ類，トカゲ類，ヒルヤモリ類などが果実を摂食し，周食型の種子散布を行うことがある（Olesen and Valido, 2003）．

昆虫類では，アリ類による種子散布がよく知られている．**アリ散布**はとくに温帯林の林床植物に多い．アリ散布植物の特徴として，種子にエライオソームと呼ばれるやわらかく栄養分に富んだ付属体があり，これがアリを誘引する．働きアリはエライオソームがついた種子を巣まで運び，最終的にはエライオソームのみを摂食し，種子は巣の外に捨てられる．アリ類が運搬する距離は親植物から数 m 程度である．日本では，スミレ類やカタクリといった林床植物にアリ散布の植物が多い（中西，1988）．昆虫類による種子散布は食べ残し型のものが多いが，稀に周食型の例も知られている．たとえば，日本の林床に多いギンリョウソウの果実はカマドウマ類によって摂食され，種子は糞とともに散布される（Suetsugu, 2018）．

2.3.4　相利共生ネットワーク

森林生態系における植物種と送粉者の対応関係を描くと，入り組んだ網のような図ができる（図 2.16）．このような図は，**送粉ネットワーク**と呼ばれ，食う食われる関係を描いた食物網と区別される．同様の図を植物と種子散布者との関係についても描くことができ，**種子散布ネットワーク**と呼ばれる．送粉も種子散布も，食物網における食う，食われるという敵対的な関係とは異なり，植物と動物の双方に利益がある**相利共生**（mutualism）である．そのような相利共生ネットワークは，食物網とは異なる構造をもつ．たとえば，<u>複数種の送粉者に訪れられるジェネラリストの植物種や，複数の植物種を訪れるジェネラリストの送粉者がネットワークの中心として機能している</u>．

送粉と種子散布の両方のネットワークは植物を介して結びつくが，動物を介して結びつく場合がある．たとえば，ある種の鳥類が同じ植物種の送粉と種子散布の両方を担う場合である．ガラパゴス諸島では送粉を担う鳥類のうち約半数の種が同じ植物種の種子も散布している（Olesen *et al.*, 2018）．

2.3.5　豊　　凶

ブナやミズナラなどの樹木には結実が多い年と少ない年がある．また，タケ類やササ類は生涯で一度しか開花しないが，数十年に一度一斉に開花し，結実後は

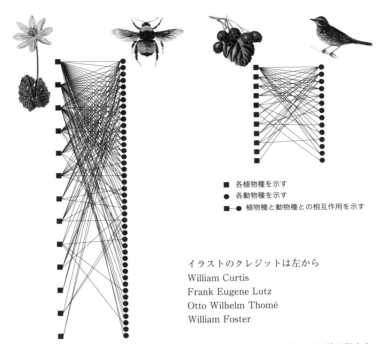

図 2.16 相利共生ネットワーク．(a) 送粉ネットワーク（Motten, 1986 より作成），(b) 種子散布ネットワーク（Sorensen, 1981 より作成）．温帯林の送粉ネットワークおよび種子散布ネットワーク．北米，ノースカロライナ州の温帯林では送粉者の 85% の種がハナバチ類である．イギリス，ワイタムの温帯林では種子散布者はすべて鳥類である．どちらも，多種からなる複雑なネットワーク構造を示すが，送粉者（主に昆虫）のほうが種子散布者（主に脊椎動物）より種数が圧倒的に多いため，送粉ネットワークのほうが種子散布ネットワークよりも動物側の種数が多くなる．また，複数種と結びつくジェネラリスト，1種のみと結びつくスペシャリストが存在し，ジェネラリスト-ジェネラリスト，ジェネラリスト-スペシャリストのつながりが多く，スペシャリスト同士の一対一の関係はみられない．

一斉に枯死する．このような種子生産の豊凶（ほうきょう）現象は**マスティング**と呼ばれる．さらに，同種内だけでなく多種間で豊凶が同調することがある．東南アジア熱帯林では，数年に一度だけ多種が同時に開花し，結実する**一斉開花**がみられる．

　マスティングはどのように，そしてなぜ起こるのだろうか．まず，マスティングを引き起こす機構（**至近要因**）として，気温の変化など気象条件の年変動に反応して，同種個体が一斉に開花するという気象シグナル仮説がある．また，繁殖には植物体内の貯蔵物質が必要なため，大量の開花および結実によって貯蔵物質

が消費され，その蓄積に数年かかるという資源収支仮説がある（正木他，2006）．次に，マスティングが進化した意義（**究極要因**）として，送粉の効率化，送粉者誘引，種子食害者飽食，種子散布者誘引があげられる（正木他，2006）．風媒樹種の場合，大量に開花することで送粉効率が高まる．動物媒の植物では，大量に開花することで送粉動物を誘引し，送粉効率が高まることがある．同調しない個体は繁殖に成功しないため，淘汰されマスティングが進化する．さらに，大量に結実することで，種子食動物を飽食させ，一部の種子が捕食を免れる．つまり，種子の少ない年は昆虫やその他動物によってほとんどすべてが食害されてしまうが，捕食者の個体数も減るため，翌年に大量に結実すれば食い尽くされることはなくなる．一方，動物散布種子の場合は，大量に結実することで，散布者を誘引する効果がある．たとえば，カケスやアカネズミは種子を食べるが，大量の種子がある場合は貯食量が増え，それだけ食害されない種子が増える．さらに，ある環境条件に適応した結果，一斉に開花し，結実することがある．たとえば，草原火災に適応した草本種の中には，火災直後に一斉開花し結実するものがある．

2.3.6 送粉サービス

<u>森林を含む自然生態系では，様々な生物が送粉・種子散布ネットワークを介して結びついており，農業をはじめとする人間活動もその恩恵を受けている</u>．送粉者が提供する生態系サービスとして果樹などの**送粉サービス**があげられる．果樹やハチミツの生産には送粉者である昆虫の訪花，集蜜行動が欠かせない．花粉を運ぶ昆虫などの送粉者が日本の農業にもたらしている送粉サービスの経済価値は，約4700億円に相当すると推定され，このうち70％は，森林性昆虫を含む野生送粉者が提供している（小沼・大久保，2015）． ［杉浦真治］

発展課題
(1) 野外で花や果実，種子を観察し，性表現，送粉者，種子散布者を予想しなさい．実際に観察するか，図鑑やインターネットでその答えを確認しなさい．
(2) 近年，人間活動によって広まる外来生物の影響は送粉や種子散布にも影響している．外来生物が送粉や種子散布にどのような影響を及ぼしているか考察しなさい．
(3) 送粉や種子散布を担う動物が絶滅したり減少したりすることで，森林に今後どのような変化が起きると予想されるか，考察しなさい．

第3章
森林の成長と物質生産

本章のめあて
- 森林生態系の現存量の構成要素や推定方法を学び,炭素の吸収,蓄積,循環による物質生産について理解する.
- 光合成の仕組みについて学び,葉の構造と生理・生態形質の適応的意義を理解する.
- 樹木の成長様式を環境への適応,資源獲得のための生態戦略として理解し,その定量的解析方法を学ぶ.

3.1 森林の現存量と物質生産

3.1.1 現存量(バイオマス)

森林の三次元構造は樹木により形成され,高さ100 mを上回る巨大な構造がみられることもある.森林の大きさを評価する値に**現存量**(**バイオマス**,biomass)がある.バイオマスは生きている生物体の土地面積あたりの量であり,乾燥重量をMg/haの単位を用いて示されることが多い.主に樹木により構成される森林のバイオマスは,ほかの生態系と比較して大きい(表3.1).**バイオーム**

表3.1 陸域のバイオマスと一次生産量 (Beer *et al.*, 2010;Saugier *et al.*, 2001 より作成)

	バイオマス (Mg/ha)	GPP (MgC/ha/年)	NPP (MgC/ha/年)	地球全体 面積 (億ha)	バイオマス (Pg)	GPP (PgC/年)	NPP (PgC/年)
熱帯林	388	23.3	12.5	17.5	679	40.8	21.9
温帯林	267	9.5	7.8	10.4	278	9.9	8.1
北方林	83	6.1	1.9	13.7	114	8.3	2.6
熱帯性サバンナ,草原	58	11.3	5.4	27.6	160	31.3	14.9
温帯性草原,低木林	128	4.8	3.9	17.8	227	8.5	7.0
砂漠	7	2.3	1.3	27.7	19	6.4	3.5
ツンドラ	7	2.9	0.9	5.6	4	1.6	0.5
耕作地	6	11.0	3.0	13.5	8	14.8	4.1
全体	111	9.1	4.7	133.8	1489	121.7	62.6

バイオマスは乾燥重量,GPPとNPPは炭素量を示す.面積あたりのバイオマス,GPP,NPPの全体の値は陸域全体の平均値を示す.

ごとの平均値としては，熱帯雨林が最も大きい．バイオマスを維持するためにはそれに見合う生産力が必要であるため，温度と水分が十分に高く，樹木がよく育つ熱帯雨林で大きなバイオマスが観察される．一方，熱帯や亜熱帯では生物体の枯死や腐敗が早く，台風や洪水などの攪乱も頻繁に起こるため，バイオマスが失われる速度も速い．大きなバイオマスを維持するためには，分解速度を制限する低い気温と安定した気候条件が必要である．地球上で最大のバイオマスは，熱帯雨林ではなく，寿命が長く，樹高が 100 m 近い北西アメリカの温帯多雨林で計測されている 5190 Mg/ha である（Van Pelt et al., 2016）．さらに，バイオマスは貧栄養な蛇紋岩地形や尾根で小さいなど，同地域内でも母材や地形など様々な環境条件の影響を受ける．

森林の立体空間あたりの地上部バイオマスを表す指標として**現存量密度**がある．地上部のバイオマス量を森林群落の高さで割った値で，kg/m^3 の単位が用いられることが多い．バイオマスは樹高が高い森林ほど大きくなるが，現存量密度は群落の高さにほとんど影響されず，$0.5～1.5\ kg/m^3$ の範囲にあり，バイオームによる大きな違いはみられない．また，現存量密度は常緑樹林で落葉樹林よりも高い．遷移後期林では，陰樹の巨木が優占し，立体空間に多くの枝葉が配置されるため，現存量密度が高くなる．ただし，現存量密度はバイオマスを群落の高さで割るという逆数式の関係であるため，群落高の極端に低いハイマツ低木林のような群落では高い値をとる．

森林のバイオマスは，森林内に一定面積の調査プロットを設定し，プロット内に生育する樹木の胸高直径や樹高を測定し，胸高直径を重量に換算する**アロメトリー（相対成長）式**を用いて求めることが多い．また近年，レーザー測量技術を用いて，森林のバイオマスを計測する方法が開発されつつある（加藤他，2014）．対象とする林分が空間的に不均一な場合は，プロット面積が小さいとバイオマス推定値の誤差が大きくなる．一方，推定精度を上げるためにプロット面積を大きくすると，測定に労力がかかる．1965～1974 年に実施された**国際生物学事業計画**（International Biological Program, **IBP**）では地球上の様々な森林のデータが収集された．そのデータは今日でも参照されており，表 3.1 のデータの一部は IBP の成果に基づいている．

3.1.2 葉の現存量と葉面積指数

森林では，生産を行う葉が広く三次元的に配置され，森林全体の生産量は葉の

量に影響される．また，樹木による光合成生産のもととなる太陽光を受けるための葉の面積も重要となる．樹木は葉で光合成し，生産された光合成産物を葉や枝，幹，根などに配分して成長するため，葉にどれだけ光合成産物を配分し，光エネルギーを獲得するためにどれだけの面積を確保するのかを定

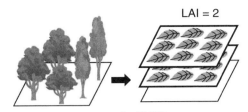

図3.1　葉面積指数
ある群落に存在する葉の総面積をその土地の面積で割った値（比）のことを葉面積指数（leaf area index, LAI）という．

量的に示す値として，森林の葉の現存量と**葉面積指数**（leaf area index, **LAI**）が測定される．葉の現存量は群落の葉の乾燥重量を土地面積で割った値（kg/ha）で，LAI は葉の総面積を土地面積で割った比である（図3.1）．

　落葉樹の葉の寿命は1年未満だが，温帯の常緑樹は数年間葉を維持するため，同じ気候帯では落葉樹林のほうが常緑樹林よりも葉の現存量が小さい．亜寒帯や高山帯では常緑の針葉樹林が成立するが，立木密度が低いため葉の現存量は小さい．バイオームごとの葉の現存量は，熱帯から亜寒帯にかけて暖かさの指数（1.1節参照）におおまかに比例して小さくなる．LAI は群落高が高くなり，森林の垂直構造が発達すると大きくなるが，群落高がほぼ同じであれば，林冠が閉鎖した森林間では大きな差はない．これは高木層の LAI が大きくなると，下層に透過する光が少なくなるため下層の LAI が小さくなるからである．LAI をバイオーム間で比較すると，熱帯林で 4.13 ± 1.84（平均±標準偏差），乾燥林で 2.71 ± 2.14，温帯林で 4.70 ± 1.83（$0.69 \sim 23.5$），極地林で 3.17 ± 2.17 となり，立木密度が高く垂直構造の発達した森林で大きく，乾燥や低温環境が厳しい森林では小さくなる（Iio *et al.*, 2014）．先述のバイオマスおよび樹高が世界最大の北西アメリカの温帯多雨林では 19.4 が観測されている．

　葉の現存量と LAI は土壌が肥沃で群落高の高い林地では大きな値を示す．肥沃な立地環境では，樹木はより多くの葉を生産し，受光面積を増やすために，単位葉重量あたりの葉面積である**比葉面積**（specific leaf area, **SLA**）が大きくなるからである．一方，攪乱頻度，被食や樹病などの影響が大きな林分では LAI は小さくなる．立体空間あたりの葉面積（**葉面積密度**, leaf area density, **LAD**）は草本群落では $2 \sim 4\,\mathrm{m^2/m^3}$ であるのに対して，森林では幹や枝など葉以外の器官が占める空間が多いため $0.2 \sim 0.4\,\mathrm{m^2/m^3}$ と低く，森林どうしの比較においても

最大樹高が大きい群落ほどLADは低くなる．

3.1.3 物質生産と炭素の循環

森林生態系における炭素循環の概観を図3.2に示す．植物は光合成によって大気中の二酸化炭素を吸収し有機物を生産する．森林全体が光合成によって獲得した炭素を**総一次生産**（gross primary production, **GPP**）といい，1年間に固定される単位面積あたりの炭素量（MgC/ha/年）で表す．なお，一次生産の「生産」の部分は「生産量」や「生産速度」と表現されることもある．植物により取り込まれた炭素は植物のバイオマス生産と呼吸によって消費される．植物の呼吸に利用される炭素を**独立栄養呼吸**（autotrophic respiration, **R_a**）といい，GPPからR_aを差し引いた炭素量を**純一次生産**（net primary production, **NPP**）という．

$$NPP = GPP - R_a \tag{3.1}$$

NPPは主に植物バイオマスの生産に利用される．それ以外にはBVOC（biogenic volatile organic compound, 生物起源揮発性有機化合物）や根からの滲出物とし

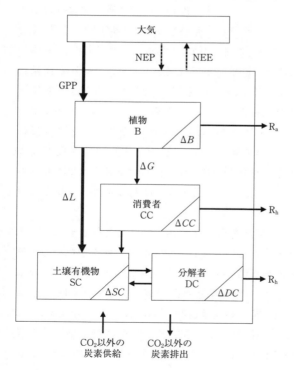

図3.2 森林生態系における炭素循環の模式図

大きな四角は生態系を表す．各コンパートメントおよび矢印はそれぞれの炭素プールおよび炭素フラックスを示す．NEP：生態系純生産，NEE：純生態系交換量，GPP：総一次生産，R_a：独立栄養呼吸，ΔB：植物バイオマス変化量，ΔG：被食量，ΔL：リターフォール量，R_h：従属栄養呼吸，ΔCC：消費者バイオマス変化量，ΔSC：土壌有機物変化量，ΔDC：分解者バイオマス変化量．GPPからR_aを除したものがNPP（純一次生産），GPPからR_aとR_hを除したものがNEP．NEPに二酸化炭素以外の炭素の収支も加味したものがNECB（純生態系炭素収支）．

ての放出や，共生菌に与える糖分（第5章参照）などに利用される．ここで NPP と GPP の比は生態系の**炭素利用効率**（carbon use efficiency, **CUE**）と呼ばれる．

$$\text{CUE} = \frac{\text{NPP}}{\text{GPP}} \tag{3.2}$$

バイオマスが大きくなると R_a も大きくなるため，森林は草原と比較すると CUE は小さくなる．

　植物バイオマスの生産に利用された NPP は，その利用先の値を積み上げて計算されることが多い（大塚，2004）．

$$\text{NPP} = \Delta B + \Delta L + \Delta G \tag{3.3}$$

ΔB（MgC/年）は植物の成長量，ΔL は植物の枯死および脱落量（**リターフォール量**），ΔG は被食量である．通常，動物に利用される炭素量（ΔG）は数％程度で多くない．森林生態系では，NPP のほとんどが樹木の成長量（主に幹の肥大成長）として蓄積され，残りはリターフォールにより分解系に供給され，土壌有機物として蓄積される．先述の IBP ではこの積み上げ法を用いて世界各地で NPP が計測され，バイオームによる違いや気象条件をはじめとする環境傾度に沿った NPP の変化について多くの知見が得られた．

　植物が生産したバイオマスの一部は，草食動物によって直接的に利用されるほか，肉食動物や分解者によって間接的に利用される．その一部は呼吸として消費され，CO_2 が放出される．この CO_2 のことを**従属栄養呼吸**（heterotrophic respiration, **R_h**）という．土壌から放出される CO_2 は**土壌呼吸**と呼ばれ，土壌動物や土壌微生物などによる分解呼吸（従属栄養呼吸）と植物の根による独立栄養呼吸が含まれるが，これらを分離することは難しい．

　生態系全体の炭素収支を表す数値は，**純生態系生産**（net ecosystem production, **NEP**）といわれ，GPP で吸収した炭素量から呼吸として放出する炭素量（R_a と R_h の和）を引いた値で示される．

$$\text{NEP} = \text{GPP} - (R_a + R_h) = \text{NPP} - R_h \tag{3.4}$$

この値は純一次生産から R_h を引いた値でもある．この値が正の場合，生態系に炭素が取り込まれ，負の場合，生態系から炭素が放出されることを意味する．NEP を直接測定することは困難であるが，生態系と大気間の炭素の移動量（フラックス）を測定することで**純生態系交換量**（net ecosystem exchange, **NEE**）が推定できる．NEE は生態系から大気に放出される炭素量を示すので，生態系

が吸収する炭素量（＝生産量）を示す NEP と符号が逆になる．

$$NEE = -NEP \tag{3.5}$$

NEE の値が負の場合，生態系が大気から炭素を吸収して現存量が増加していることを表し，生態系は CO_2 の吸収源（**シンク**）となる．一方，森林火災などの生態系の荒廃によって，CO_2 が大気に放出される場合，NEE は正の値を示し，生態系は CO_2 の発生源（**ソース**）となる．陸域生態系では，生態系外に流出する炭素のほとんどが CO_2 なので NEE は純生態系 CO_2 交換量として扱われることもある．

　生態系における炭素蓄積速度を示す数値として，**純生態系炭素収支**（net ecosystem carbon balance, **NECB**）がある．NECB はメタン，一酸化炭素などのガス態の炭素や溶存炭素，粒子状炭素といった CO_2 以外の炭素の移動も加味する．

$$NECB = NEP - 呼吸以外のCO_2放出 - CO_2以外の放出$$
$$+ 周辺からの炭素の移入 \tag{3.6}$$

したがって，NECB は稀にしか発生しない火災などの攪乱による炭素の消失のほか，木材生産に伴う材木の搬出による炭素の持ち出しや施肥にともなう炭素の追加なども含めて評価する．なお，NECB は任意の時空間スケールで推定されるが，不均一な景観を包括するような大きな空間スケールで長期にわたり観測された NECB の平均値を**純生物相生産**（net biome production, **NBP**）と呼ぶことがある．

　NPP のうち地上部の純一次生産（above-ground net primary production, ANPP）の推定は容易で研究例も多いが，地下部の純一次生産（below-ground net primary production, BNPP）は測定が困難なためデータが少ない．NPP として報告されているデータには，BNPP が ANPP の一定割合であると仮定して算出されているものや，下層植生などを測定していない場合もあるため，既存データを扱う場合には注意が必要である．

3.1.4　物質生産を制限する要因

　森林生態系の生産量は，そこに生育する植物の光合成により獲得された炭素量である．ここでは生態系全体での炭素吸収量に影響を及ぼす要因について述べ，個葉や個体スケールでの光合成速度については 3.2 節，3.3 節で扱う．

　森林の GPP は草本群落よりも大きい（表 3.1）．森林タイプ間での比較では，熱帯雨林が最も大きい．GPP は低緯度地域で大きく，高緯度地域や乾燥地域で

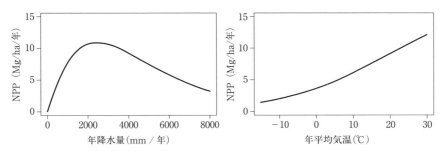

図3.3 陸域生態系における純一次生産量(NPP)の年降水量および年平均気温との関係(Schuur, 2003より作成)

は小さい.GPPは森林全体での葉量や生育期間,樹種構成などの影響を受け,グローバルスケールでは,気温と降水量の分布パターンにある程度対応している.NPPのグローバルパターンも同様で,高温で多湿な地域で大きくなり,低温で乾燥した地域で小さくなる(図3.3).ただし,熱帯林では降水量が多すぎて過湿状態になると,根の成長や土壌微生物の活動に対して酸素不足が制限要因となりNPPが小さくなる.また,NPPは土壌の窒素など栄養物質の不足によっても制限され,主に温帯林では窒素不足,熱帯林ではリン不足によってNPPが制限される.バイオーム間では,生育期間が長いほど,またLAIが大きいほどNPPは大きい.一方,生育期間中の単位時間あたりのNPPは気温やバイオームの違いにあまり影響されない.森林では,枝や幹,根といった光合成を行わない非同化器官のバイオマスが大きいため,それらの維持呼吸が大きい.GPPが大きい森林では,非同化器官の呼吸量も増えるため,NPPはGPPほど森林タイプによる違いがない.

3.1.5 炭素動態の経時変化

NPPは森林の発達にともない変化する(図3.4).一次遷移の開始直後はバイオマスが小さく,生物遺体も少ないので,NPPとR_hは極めて小さい.遷移初期は生態系内の窒素が少なく窒素制限状態のためNPPは小さいが,林齢とともに徐々に増加し,窒素固定生物の侵入後に急激に増加する.バイオマスの増加にともない LAIも増加し,やがてLAIが最大値に到達するとNPPは減少し始める.林齢が高くなると非同化器官のバイオマスも増加するため,生理機能を維持するための呼吸量が増加する.また,バイオマスの増加に伴い,植物遺体やリターフォール量が増加し,植物の分解による炭素の放出量も増加する.これらの結果,やが

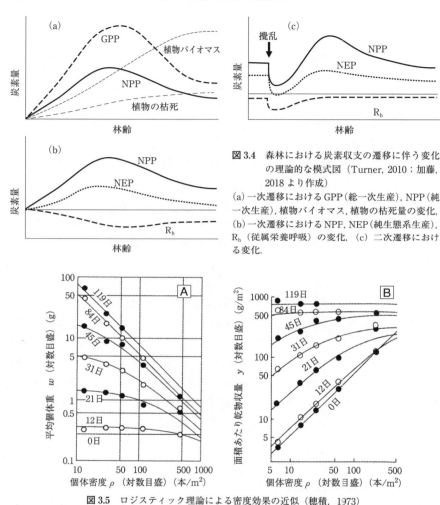

図 3.4 森林における炭素収支の遷移に伴う変化の理論的な模式図(Turner, 2010;加藤, 2018 より作成)
(a) 一次遷移における GPP (総一次生産), NPP (純一次生産), 植物バイオマス, 植物の枯死量の変化. (b) 一次遷移における NPP, NEP (純生態系生産), R_h (従属栄養呼吸) の変化. (c) 二次遷移における変化.

図 3.5 ロジスティック理論による密度効果の近似(穂積, 1973)
A:平均個体重に関する密度効果,B:収量に関する密度効果.

て NPP は一定の値を維持する定常状態になる.また,NEP は R_h が増加すると減少するため,NPP よりも早くピークを迎え,減少し始める(図 3.5).

二次遷移の場合は,攪乱直後は攪乱の残存物の分解による CO_2 放出量すなわち R_h が増加する.ここで R_h が NPP を上回ると NEP は負の値をとり,生態系からは炭素が放出される.二次遷移に伴う炭素動態の変化パターンは条件により異なる.たとえば,遷移初期の立木密度が高い場合は,LAI の増加が速く,NPP

が速やかにピークに達するが，立木密度が低い場合は，LAIおよびNPPの増加は緩やかとなる．

　老齢林ではNEPはゼロに近づくと考えられてきたが，近年の研究から，老齢林であってもNEPが正の値を示し，炭素を吸収するシンクである例が報告されている（Luyssaert *et al.*, 2008）．炭素収支に関する研究では，対象とする時空間スケールによって異なる結果が得られることがある．老齢林の炭素収支については，観測期間や面積の違いにより様々な結果が得られており，シンクなのかソースなのかは議論が続いている．森林の炭素収支は温暖化と密接に関係しているため，コンピュータシミュレーションを用いた研究により地球規模の長期間に渡る炭素動態の推定が行われている．

3.1.6　個体密度と生産（密度効果）

　植物個体群ではサイズの大きな個体ほど光や水，栄養塩などの資源獲得に有利である．樹高の低い個体は周辺の樹高の高い個体による被圧を受け，成長速度の低下や枯死が起こる．立木密度の高い群落では，林分の発達にともない成長の悪い小さな個体から枯死し立木密度が低下する．このプロセスを**自然間引き**（natural thinning）や**自己間引き**（self-thinning）と呼ぶ．植物個体群の密度効果に関する理論は，草本を用いた実験から発展した．ダイズを用いた播種実験から，植栽後時間が十分に経過すると，自己間引きによる密度の低下とともに平均個体重が大きくなり，最終的には個体群の総収量は密度にかかわらず一定値に近づくことが示された（図3.5）．これを**最終収量一定の法則**という．同種同齢の草本個体群において立証された法則は単純一斉人工林でも成り立つことが認められている．

　密植され，林冠が閉鎖し，自然間引きが起こっている林分では，平均個体重（w）と立木密度（ρ）の間に

$$w = k\rho^{-a} \tag{3.7}$$

という関係が成り立つ．kは樹種によって決まる定数である．ここでaはどの樹種においてもおおよそ3/2（1.5）の値をとる．この関係は**自然間引きの3/2乗則**（Yoda *et al.*, 1963）と呼ばれ，草本から巨大な樹木まで成立する．異なる密度で植栽された一斉人工林において樹木の成長にともなう立木密度と平均幹材積の関係をみると，植栽密度が高い場合は，比較的早い段階で枯死個体が発生し密度が低下し始める（図3.6）．植栽密度が低い場合も，立木の成長にともない平均幹材積が増加すると，成長の悪い立木が枯死して密度が低下する．その後，生き残っ

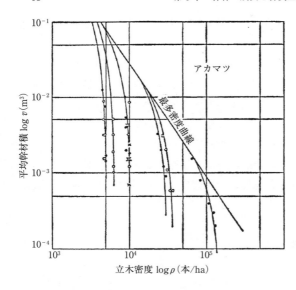

図3.6 立木の自然枯死の経過(安藤, 1982；玉井, 1989)

た立木は開いた空間を埋めて大きくなるため，密度の低下にともない平均材積が増加する．この立木密度と平均幹材積の関係は，十分に時間が経過すると，初期密度にかかわらず，おおよそ傾きが-3/2の直線（最多密度曲線）に収斂する．この直線は林分の最大立木密度，最大現存量の関係を表す．

立木が相似形で比重が等しい場合，材積が体長の3乗に比例して増加し，密度は体長の2乗に比例して減少するため，両対数グラフで傾き3/2になると期待される．3/2乗則については，その後様々な説が提示され今なお議論が続く．1980年代以降，aの値が必ずしも3/2にならないことが指摘された．Enquist *et al.* (1998) は，植物を幹から葉までの水や養分物質を通導させるパイプの集合体として捉え，その枝分かれの規則性からaの値が4/3（=1.33）になることを示した．養分物質の不足や被陰などにより生育条件が悪化すると，aの値は3/2よりも小さくなる．また，挿し木など遺伝的に類似した個体群では成長差が生じにくいため，密度の低下が遅く，aは3/2よりも大きくなる．そのほか，Osawa (1995) は，林冠での葉の集合体が三次元空間を埋めている自己相似的なフラクタル構造を示すことから，aは林冠のフラクタル次元と相関があることを示した．

自己間引の法則は，人工林の密度管理に応用される．図3.7は立木の幹材積，樹高，胸高直径と本数密度の関係を示す林分密度管理図である．図には，ある樹高における最多材積に対する実際の材積の比率を表す**収量比数**（relative yield,

3.1 森林の現存量と物質生産

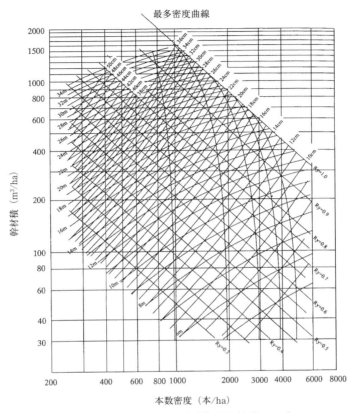

図 3.7　四国地方国有林林分密度管理図（安藤，1982）

R_y) も示されている．一般的に，単純一斉人工林では，高い密度で苗木を植栽し，樹木の成長，林分の発達に応じて間伐を繰り返しながら密度を調整し立木の成長を促進する．そこで，この図から管理曲線を設定し，間伐後の樹木や林分の状態を予測しながら施業を進めることができる．しかし，この理論は小さな個体が間引かれるプロセスをもとに考えられたものであるため，下層木や小径木の間伐にしか適用できない．そこで，収量-密度図（菊沢，1978）など様々な間伐に対応できる密度管理のための関係式が提案，検討された．

　高い密度で植栽し，間伐を繰り返しながら木材生産を実施する施業方法は，年輪が均一で通直な木材を生産するという目的には適した方法である．さらに枝打ちを行うことで，節をなくし，樹幹を完満（幹の上部と下部の直径差が小さい）

にすることで，材質の均一な木材の生産が可能となる．一方，スギの挿し木林など，立木の成長差が少なく，高密度で管理された林分では，被圧個体が生じないため，林分全体で肥大成長が小さくなり，幹が細長くなる．そのような林分では，強風や冠雪などの気象害や病虫害に対して脆弱（ぜいじゃく）となり，林分全体が壊滅的な状態になる共倒れの危険性が高まる．このようなリスクが高い地域では，単木単位での収穫や植栽により，樹齢の異なる立木が混在する複層林や，針葉樹と広葉樹を混植する混交林への移行が検討される．今後は災害防止や水源の涵養（かんよう）など森林のもつ多面的な機能を評価し，生態系サービスと経済性を両立できる施業や森林経営が求められる．　　　　　　　　　　　　　　　　　　　　　　　　　　　［榎木　勉］

発展課題
(1) 新聞記事「温暖化で森林が発生源に？」（2009.11.18 朝日新聞）を読んで，なぜわずか数年で実験林が CO_2 のソースになったのか考察しなさい．
(2) あなたの住んでいる地域の気象データ（気象庁ホームページ参照）から年降水量と温量指数を算出し，潜在的な森林タイプを推定しなさい．次にその森林タイプの平均的な純一次生産と地域の森林面積から炭素固定量を算出しなさい．
(3) 初期植栽密度が 3000 本/ha の造林地において，樹高 24 m で主伐するまでの間伐を計画し，その経過を図 3.7 の密度管理図に書き込みなさい．ただし，間伐前の収量比数を 0.7，間伐後の収量比数を 0.6 とする．
(4) 人工林施業では主伐と間伐の伐採スケジュールを変化させることで，林分の積算での炭素吸収量は変化する．500 年間の炭素吸収量を最大にする施業方法を検討するために必要な情報は何かを考えなさい．

3.2　光合成と葉の生理生態

3.2.1　葉構造と光合成

樹木の葉は光合成を行う器官である．光合成は以下の式で表され，この反応により，植物は光エネルギーを化学エネルギーに変換し，有機物を生産する．

$$6CO_2 + 12H_2O \rightarrow C_6H_{12}O_6 + 6H_2O + 6O_2 \tag{3.8}$$

ここでは，気孔から葉に取り込まれた二酸化炭素と根から吸収された水が反応して炭水化物が生産され，同時に酸素が大気中に放出される．炭水化物は主に糖やデンプンなどエネルギー源となる**可溶性糖類**および細胞壁の材料である**セルロー**

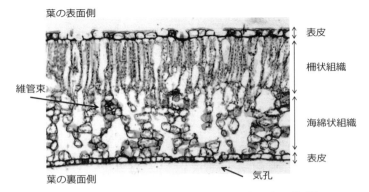

図 3.8 ネズミモチの葉の切片（福岡教育大学福原達人氏提供）
葉の表側から裏側にかけて，表皮，葉肉細胞（柵状組織と海綿状組織），表皮が
分布する．葉肉細胞の表面には葉緑体が並んでいる．

スなどの**構造性炭水化物**に変換され，幹や枝，葉，根，花，果実，種子など様々な植物器官に配分される．また，一部は樹体内に貯蔵され，代謝や，樹体が損傷を受けたときの成長回復に使われる（3.3 節参照）．

葉は光を受け，光合成を行うのに適した形態をしている．広葉樹の葉は幅広く扁平な形状で，針葉樹の葉は針状もしくはウロコ状になる．このような葉の形態の違いは光の受け方の違いを反映している．広葉樹の葉の断面は，表面（**向軸面**）と裏面（**背軸面**）に表皮があり，間に**葉肉細胞**が挟まれている（図 3.8）．表面側の葉肉細胞は**柵状組織**と呼ばれ，光合成の場である**葉緑体**を多く含み，縦長で筒状の細胞が表皮のすぐ下に隙間なく並ぶ．裏面側の葉肉細胞は**海綿状組織**と呼ばれ，不規則な形状をしており，間には空間（**細胞間隙**）がある．

光合成の材料である二酸化炭素は，葉の裏面にある<u>気孔</u>から取り込まれ，細胞間隙を拡散して葉肉細胞内の葉緑体に達する．表面に隙間なく並ぶ柵状組織は，光を漏らさず利用し，裏面の海綿状組織の細胞間隙が二酸化炭素の通り道になっている（寺島，2003）．**葉脈**には**維管束**（**木部**と**師部**）が通っており，木部では主に水や養分物質が運ばれ，師部では主に光合成によって生産された炭水化物が運ばれる．一方，針葉樹の葉では，ヒノキなどのように表裏が明確なものもあるが，広葉樹に比べると様々な方向からくる散乱光を受けるのに適した形態となっている．また，葉脈をもたず，葉の中心に維管束が 1 本あるだけである．

a. 光と光合成

光合成に使われる光の波長は 400〜700 nm であり，**光合成光量子束密度**

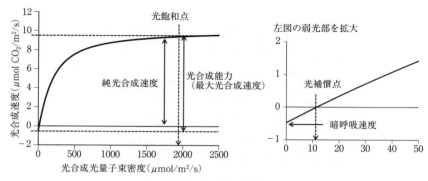

図3.9 光-光合成曲線

(photosynthetic photon flux density, **PPFD**, 単位時間, 単位面積あたりの光子の数）で表される．光合成速度は単位時間，単位葉面積あたりの二酸化炭素吸収量で表すことが多い（面積ではなく乾燥質量（重量）あたりの値を使う場合もある）．気温，湿度などの環境条件が光合成に適している条件下で，葉が受ける光合成光量子束密度（以下，光量と呼ぶ）と光合成速度の関係を表した曲線を**光-光合成曲線**と呼ぶ（図3.9）．光量がゼロ（暗条件）のとき，植物は呼吸により二酸化炭素を放出するため，光合成速度は負の値を示す．これを**暗呼吸速度**と呼ぶ．光量が増加すると，呼吸による二酸化炭素の放出と光合成による吸収が相殺し，葉のみかけの光合成速度はゼロになる．このときの光量を**光補償点**と呼ぶ．光量が光補償点よりも少ないときには光合成速度よりも呼吸速度のほうが高いために葉から二酸化炭素が放出されるが，光量が光補償点よりも多くなると光合成速度のほうが高くなり，葉は二酸化炭素を吸収する．実際の光合成速度は，図3.9の縦軸の正の部分と負の部分を足しあわせた値であり，これを**総光合成速度**という．測定できるのは，総光合成速度から呼吸速度を差し引いたみかけの光合成速度であり，これを**純光合成速度**という．光量がさらに増加するとやがて光合成速度は飽和し，一定の値以上にはならない．このときの光量を**光飽和点**，光合成速度を**光合成能力**あるいは**最大光合成速度**と呼ぶ．

　光-光合成曲線の形は，種や環境条件によって異なる．さらに，樹木のように大きな植物では，日当たりの良い樹冠の上部と陰になる下部でも異なる．明るい環境の葉を**陽葉**，暗い環境の葉を**陰葉**と呼び，陽葉は陰葉よりも厚く，柵状組織の細胞数が多いという特徴をもつ．また，陽葉は陰葉よりも代謝が高いため，暗呼吸速度，光合成能力ともに高く，光補償点や光飽和点も高くなる（図3.10）．

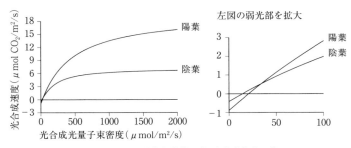

図 3.10 コナラの陽葉と陰葉の光-光合成曲線の違い
陽葉は陰葉よりも光合成能力，暗呼吸速度，光補償点，光飽和点が高い．

この結果，明るい環境では陽葉は陰葉よりも光合成速度が高くなるが，暗い環境では陰葉よりも低くなる．陽樹と陰樹の葉の光-光合成曲線を比較した場合にも同様の傾向がみられる．

日の出から日の入りまでの一日の光量の変化と葉の光-光合成曲線から，**日光合成量**を求めることができる．ただし，光合成の暗反応は酵素反応であるため，気温によって光合成速度が変わることや，乾燥にともなう気孔閉鎖などの様々な律速要因により，実際の光合成速度は適温・適湿条件で測定された光-光合成曲線よりも低い値をとることが多い．

光量が強すぎるときには，余った光エネルギーを葉内で消去する必要がある．消去できないときには活性酸素が発生し，葉の光合成機能が低下してしまう．これを**光阻害**という．植物が光阻害を避けるための様々な生理学的メカニズムが知られている（寺島，2013）．また，多くの樹木では葉の角度を変えることで受光量を調節している．明るい林冠上部の葉は，仰角（水平からの角度）が大きく，日中に受ける葉面積あたりの光量が少なくなるため，光阻害が避けられる．また，フジやネムノキなどは，朝と夕方には葉を水平に近く保ち受光量を増やし，日中には仰角を大きくすることによって光阻害を避けている．

b. 水と光合成

光合成には水が必要であり，気孔から二酸化炭素を取り込むと同時に，蒸散により水蒸気が放出されることで，根から水を吸い上げる原動力が生まれる（5.1節参照）．気孔を通じた二酸化炭素や水の通りやすさを**気孔コンダクタンス**と呼ぶ．植物は気孔を開閉することで短期的に光合成速度や蒸散速度を調節する．光量や気温が光合成に適している条件では，気孔が開き気孔コンダクタンスが高いほど光合成速度と蒸散速度は高くなる．土壌や大気が乾燥すると水の損失を防ぐ

ために気孔が閉じて気孔コンダクタンスが低下し，その結果光合成速度と蒸散速度が低くなる．

　夏の暑い季節の昼過ぎには，光が十分に葉にあたっていても，光合成速度が低下する場合がある．これは，乾燥による葉の水分不足を回避するために気孔が閉じて，気孔コンダクタンスが低下するからであり，このような光合成速度の日中低下を**昼寝現象**と呼ぶ（寺島，2013）．ブナのような冷温帯の樹種では，夏に昼寝現象が頻繁に起こり，高温の影響で日光合成量が減少すると考えられている．

　乾燥を回避するために気孔を閉じると，葉は水分的に定常（isohydric）な状態を保つことができる一方で，光合成に必要な二酸化炭素を取り込むことができなくなるため，樹木は体内に貯蔵された炭水化物を使って生理活動を維持しなければならない．乾燥が長引けば貯蔵物質が消費され，枯死に至る恐れがある（**炭素飢餓説**）．一方，乾燥時にも気孔コンダクタンスを維持することができる**乾燥耐性**を獲得するためには，乾燥条件でも葉がしおれないように葉の細胞壁を厚くしたり，可溶性炭水化物を増やして浸透圧を高くする，根から葉への水輸送ができるように道管や仮道管などの通道組織を強化する，などといった資源投資をともなう．乾燥が長引けば，乾燥耐性の高い樹種でも道管内の水の流れがとぎれて枯死に至る恐れがある（**通水機能障害説**）（石井他，2017）．以上のように，気孔調節を行う樹種，行わない樹種ともに光合成産物を貯蔵あるいは乾燥耐性に投資する必要があるため，乾燥条件においてどちらの戦略が有利かは一概にいえない．

c. 窒素と光合成

　森林生態系において，利用可能な窒素量（**窒素可給性**）は樹木の成長の律速要因となることが多い．窒素は光合成タンパク質の約16%を占める重要な養分物質であり，その多くが光合成の鍵酵素であるルビスコに存在する．このため，葉の窒素含量が多いほど光合成速度が高い傾向がある（寺島，2013）．葉の乾燥質量（重量）あたりの窒素含量（N_{mass}，窒素濃度）は，葉をつくる材料あたりの窒素に対する資源投資を表し，葉面積あたりの窒素含量（N_{area}）は，受光面積あたりどの程度窒素を配分するかという光獲得戦略を表す．N_{mass} は同一種内の陽葉と陰葉ではあまり差がないが，N_{area} は受光量が多い陽葉のほうが多い．また，多数の樹種間で陽葉を比較すると，光合成速度が高い陽樹ほど N_{mass} が多い傾向がある．

　葉の窒素あたりの光合成速度を**光合成窒素利用効率**（photosynthetic nitrogen use efficiency，**PNUE**）と呼び，遷移初期の貧栄養な立地で生育する陽樹ほど光合成窒素利用効率が良い．植物にとって窒素は重要な養分物質であるため，落葉

3.2 光合成と葉の生理生態

時には葉の窒素の約半分が植物体内に引き戻されて再利用される（5.2 節参照）．
窒素回収効率（nitrogen resorption efficiency, **NRE**）は以下の式で表される．

$$\mathrm{NRE} = 1 - \frac{\mathrm{N_{dead}}}{\mathrm{N_{green}}} \tag{3.9}$$

ここで，$\mathrm{N_{dead}}$ は落葉の窒素濃度，$\mathrm{N_{green}}$ は生葉の窒素濃度である．熱帯林よりも温帯林の樹種のほうが窒素回収効率は良い傾向があるが，植物の生活型による差は少ない．ただし，窒素固定植物は一般に窒素回収効率が悪い．貧栄養な立地において落葉樹よりも常緑樹が優占する傾向があるのは，葉の寿命が長くなることで，一度吸収した窒素をできるだけ長い間保持し，植物体からの窒素の損失を抑えられることが1つの要因であると考えられている（菊沢, 2005）．

3.2.2 葉の機能形質

光合成や蒸散などといった植物の生理機能を野外で直接測定することは難しい．そこで，環境に応じた植物の成長，生存に影響する機能と相関の高い**機能形質**が指標として用いられる．代表的な葉の機能形質として，葉質量／葉面積比（leaf mass per area, **LMA**）や葉寿命，窒素濃度などがあり，それぞれ適応的な意味をもち，光合成速度，光合成窒素利用効率，蒸散速度などの生理機能と相関がある．

a. 機能形質の適応的意味

葉の LMA は，受光面積あたりの資源投資を表す機能形質である．明るい環境では，高い光合成生産が期待できるため，樹木は陽葉に多くの炭素資源や養分物質を投資する．陽葉では，柵状組織が発達し葉肉細胞が多く含まれるため，葉が厚く密度が高くなり，陰葉よりも LMA が大きくなる．また，面積あたり窒素濃度が高く，光合成速度も高い．

葉寿命は，光合成器官である葉に対する時間的投資を表す．落葉樹は葉寿命が1年未満だが，常緑樹の葉寿命は1年以上であることが多い．葉寿命の短い落葉樹の葉は薄く，LMA は常緑樹よりも小さい．ただし，常緑とは個体レベルで一年中葉をつけているという分類基準なので，短い周期で葉を入れ替えながら，個体レベルでは完全落葉しない樹種は，葉寿命が1年未満でも常緑樹となりうる．このような常緑樹の葉は LMA が小さい．

b. 機能形質の相互関係を表す葉の経済スペクトル

多数の植物について陽葉どうしを比較すると，葉寿命の長い葉ほど LMA が大

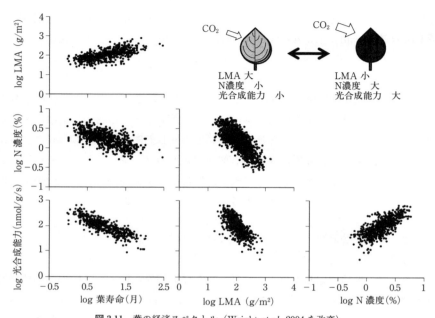

図 3.11 葉の経済スペクトル（Wright *et al.*, 2004 を改変）
1 つの点が 1 種を表す．世界中の 2548 植物種を対象としている．ただし，形質によって測定した種数は異なる．

きく，窒素濃度が低く，質量あたり光合成能力が低い傾向がある．また，**耐陰性が高い極相種ほど葉寿命が長く，光合成窒素利用効率が低い**傾向がある．このような傾向は，同一地域に生育する植物種だけでなく，世界中の植物を比較したときにもみられる明瞭な傾向であり，**葉の経済スペクトル**（leaf economics spectrum）と名付けられている（Wright *et al.*, 2004）図 3.11）．

葉寿命を長くするためには，長期間にわたって葉の機能を維持する必要がある．長持ちする丈夫な葉をつくるには，物理的強度を高くして，風や雪，倒木や落枝などの撹乱に対する耐性をもたせるとともに，植食者に被食されにくくする必要がある．厚くて密度が高く，LMA が大きい丈夫な葉をつくるためには，細胞壁により多く資源投資する必要がある．丈夫な葉は物理的強度が高いので被食されにくい．さらにアルカロイドやフェノールなどの二次代謝産物を含むことで化学的に防御することができる．光合成系の酵素やタンパク質への窒素資源の投資と葉の強度や被食防御への投資は，一方を多くすると，もう一方が少なくなるという**トレードオフ**の関係にある．さらに細胞壁が厚くなると細胞内部への二酸化炭

素の取り込み速度が低下する．このような相いれないトレードオフ関係の結果として，丈夫な葉の光合成速度は低下するため，光合成能力が高くかつ寿命の長い葉をつくることはできない．反対に寿命が短く光合成能力の低い葉をもつ種は他種との競争に弱く，自然選択によって排除されるため存在しない．

葉の経済スペクトルは，ある機能を優先するとほかの機能が低下するなど葉の機能形質どうしの相関関係を表しており，これは植物の適応進化の結果である（及川他，2013）．ただし，この相関関係は気象条件によって多少変化し，同じ葉寿命でも，乾燥地の種のほうが湿潤地よりも LMA が大きく，窒素濃度が高くなる傾向がある．

なお，最近では葉の経済スペクトルは葉だけでなく幹や枝，根の機能形質にも着目して，**植物の経済スペクトル**として包括的に解釈されている．幹や枝の機能形質としては材密度やヤング率，破壊応力など力学的強度の指標，通道組織の直径や数など通水機能の指標が考えられており，根の機能形質としては細根の窒素濃度や根長／根質量比（specific root length, **SRL**，3.3 節参照），寿命などが考えられている．

3.2.3　時間的な資源獲得戦略―葉のフェノロジー―
a. 開芽のタイミング

季節的な気象条件への生物の様々な応答を**フェノロジー**（生物季節学）と呼ぶ．日本のような温帯地域では，樹木は春になると冬芽が開き，当年枝が伸長しながら展葉する．落葉樹では秋から冬になると当年葉は紅葉し，落葉する．枝の先端や**葉腋**には新たに冬芽がつくられる．冬芽の中には**芽鱗**に包まれた**葉原基**が存在しており，これが翌春になると展葉する（菊沢，1986）．一方，常緑樹では葉を複数年つけ続ける種だけでなく，毎年春にほぼ全部の葉を入れ替える種や春～秋と秋～春で葉を入れ替える種が存在する．

開芽の時期は樹種によって異なる．一般に，<u>同一地域では常緑樹よりも落葉樹の開芽時期が早い傾向がある</u>（Osada, 2017）．春先，常緑樹では前年葉が光合成を開始するが，落葉樹は展葉してから光合成を始めるため，常緑樹よりも展葉時期を早めることで光合成できる期間を長く確保するよう進化したと考えられる．ただし，個々の種に着目すると落葉樹よりも早く開芽する常緑樹も存在する．

幹の肥大成長の開始時期と開芽のタイミングも，樹種によって異なる．<u>冷温帯の落葉樹では，春先に大径の道管をつくる環孔材樹種のほうが，道管の直径が小</u>

さく年輪内であまり変化しない散孔材樹種よりも開芽時期が遅い（小見山，2002）．根から葉へ水輸送を行うためには，道管内が水で満たされている必要がある．大径の道管をすべて水で満たすことは困難なため，環孔材樹種の大径道管は，秋から冬にかけて水が抜けて通水機能を失っていることが多い．開芽，展葉には細胞拡大の原動力となる膨圧が必要なため，環孔材樹種では春先にまず幹や枝が肥大成長して新たな道管を形成した後でなければ，葉に水を送って開芽することができない．一方，散孔材樹種では前年の道管を使って葉に水を送り，幹や枝が肥大成長を始める前あるいは同時に開芽することができる．

b. 展葉の季節的パターン

開芽後，春から夏にかけての展葉パターンは樹種によって異なる．冬芽の中に含まれていた複数の葉原基が春先に一斉に展葉し，その後は新たに展葉せず，春から秋にかけて一定の葉数が維持されるフェノロジーを**一斉展葉型**と呼ぶ（図3.12）（菊沢，1986）．一方，冬芽に含まれていた少数の葉原基に由来する**春葉**を開いた後に，さらに夏にかけて**夏葉**を開き続ける種もあり，**順次展葉型**と呼ばれる（図3.12）．両者の間には**中間型**（一斉＋順次展葉型）も存在し，数枚の春葉を一斉に開き，その後夏葉を開く．また，翌年展葉するすべての葉の葉原基が冬芽に含まれている種を**決定型**，冬芽には数個の葉原基しかなく，順次展葉あるいは一斉＋順次展葉によって葉を増やす種を**非決定型**と呼ぶ（酒井，2002）．

一斉展葉型（決定型）の戦略は，前年の光合成産物を使って春先に素早く当年枝や葉を形成し，春から秋までの長い期間光合成を行うことができるため，光環境の年変動が少ない極相種や林床の安定した環境下で生育する陰樹に多くみられる．一方，順次展葉型（非決定型）の戦略は，少ない投資で数枚の葉を展葉した後，生育条件が良ければ当年の光合成産物を使ってさらに成長することができるため，周囲個体との光を巡る競争が激しい遷移初期の先駆種や，林縁に生育する

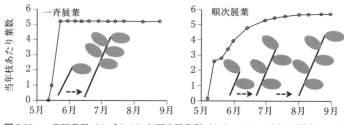

図3.12 一斉展葉型（ミズナラ）と順次展葉型（ケヤマハンノキ）の展葉フェノロジーの例（Kikuzawa, 1988 を改変）

陽樹に多くみられる．

　温帯の常緑広葉樹は落葉広葉樹に比べて耐陰性が高く，極相種的な一斉展葉型の種が多いが，ヒサカキのように年に数回展葉する，あるいはいったん伸長停止してからもう一度伸長（**二次伸長**）する種も存在する．二次伸長する種では，光や養分条件が良いほど二次伸長が起きやすく，伸長成長には春葉によって生産され樹体内に貯蔵された光合成産物が利用される．また，季節性の少ない熱帯雨林では，様々な展葉パターンの樹種が存在する．

　c.　**生育段階と葉のフェノロジー**

　温帯落葉樹林の林内では光環境の季節変化が著しい．春に林冠木が展葉すると林内は暗くなり，秋に落葉すると明るくなる．こうした光環境の季節変化は，林床の草本および木本の実生や稚樹の葉のフェノロジーに大きく影響する．同じ種でも，成木より実生のほうが開芽時期が早く，展葉期間が長い傾向がある．実生や稚樹は，林冠木が展葉する前の光条件の良い早春に展葉し，秋には遅くまで葉を保持することによって光合成できる期間を確保している（菊沢，1986；清和，2015）．

　冷温帯落葉樹林の低木層に生育する常緑樹では，季節的な光環境の変化に対して，葉の窒素濃度を変えることによって，年間，とくに冬季の光合成量を維持している（Muller *et al*., 2011）．一年中湿潤な熱帯雨林に生育する種の大部分は常緑樹であり，種によってフェノロジーは様々である．ただし，稚樹では展葉時期がバラバラでも成木は同調して展葉する樹種がある（長田，2008）．この種では花と葉が同時に開く．受粉を成功させるためには個体間で同調して開花する必要があり，その結果として展葉時期が同調すると考えられる．

　d.　**葉の成熟**

　多くの草本や落葉樹では展葉と光合成系組織の発達が同調しており，展葉がほぼ完了した時に葉が成熟して光合成速度が最大になる．この展葉様式は，新葉がすばやく光合成を始めるために有利である．しかし，森林内の環境は突然変化することがある．とくに林冠ギャップが形成されると，もともと暗かった場所が突然明るくなる（2.1 節参照）．急な光環境の変化に樹木はどのように応答するのだろうか．

　短期的には，暗い環境に順化していた陰葉が明るい環境にどのように順化するかが重要である．ミズナラやホオノキなどの陰葉では，葉肉細胞の表面に並ぶ葉緑体が大きくなり，隙間がなくなることで葉の光合成能力が高くなる（Oguchi *et al.*, 2006).ただし,この解剖学的変化は,葉の厚さなど外部形態の変化をともなわないため,もとから明るい環境で形成された陽葉ほどは光合成能力は高くならない.また,ブナやつる性植物のように,光環境が改善されても葉の解剖学的性質が変化せず,光合成能力が変化しない種や,カエデ科のように陰葉が厚くなるなどの形態変化を示す種も存在する.

長期的には,光環境の改善に順化した葉を新たに生産することが重要になる.先駆種の多くは,一度芽ができて成長が止まった後に光環境が改善されると二次伸長する.二次伸長によって新たに生産された葉は陽葉の性質をもっており,もとの陰葉よりも光合成能力が高い.

一方,<u>多くの常緑樹では展葉時に葉面積の拡大と光合成系組織の発達が同調せず,葉面積が最大になった後に徐々に葉が丈夫になり,光合成速度が高くなる</u>.これを**遅延緑化**(delayed greening)と呼ぶ(Coley and Baron, 1996).遅延緑化は日本の様々な常緑樹でも知られているが,熱帯樹種で多くみられる.展葉中の葉は柔らかく,被食されやすい.このため,遅延緑化する種では,すばやく光合成を始めることよりも,展葉が完了してから光合成系組織を発達させることによって,展葉時の被食による養分物質などのロスを少なくしていると考えられる.一方,遅延緑化は他個体との光獲得競争には不利なため,先駆種よりも極相種で多くみられる.また,遅延緑化する種のほうが当年の光環境に応じて光合成機能を決定できるため,ギャップ形成など光環境の変動に対する葉の順化能力が高いことから,低木種などで多くみられる.

3.2.4 環境変動と葉の生理生態

人間活動は,樹木の生理機能やフェノロジーに影響を及ぼしている.温暖化の影響により,カリブ海の亜熱帯林では高温によって樹木の光合成機能に生理障害が生じている.葉の光合成速度には最適温度があるのに対し,呼吸速度は温度とともに急激に上昇する(図 3.13).温暖化によって平均気温が高くなると,呼吸による二酸化炭素排出速度が,光合成による吸収速度を上回るた

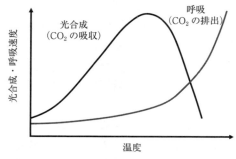

図 3.13 温度変化と葉の光合成,呼吸速度の関係

め，樹木の光合成生産量が低下し，枯死に至る可能性がある．また，ヨーロッパブナの分布域北部では温暖化によって展葉時期が早くなっており，晩霜害が懸念され，南部でもフェノロジーの変化にともなう高温や乾燥化による被害が報告されている．さらに，都市化による平均気温の上昇や人工照明によって，植物が頼りにしてきた気温や日長など季節変化のシグナルに狂いが生じている．このような変化が森林生態系にもたらす影響を予測するためには，樹木の生理と生態に関する知見が不可欠である． [長田典之]

発展課題

(1) 身近な樹木から陽葉と陰葉を採取し，乾燥質量や面積，LMAや葉の仰角（水平からの角度）を測定し，その違いについて考察しなさい．さらに，それらの種が図3.10の光-光合成曲線に従うと仮定したとき，陽葉と陰葉での測定した形質の違いが日光合成量に及ぼす影響について考察しなさい．
(2) 身近な複数の樹木を対象として冬から春にかけての開芽，展葉状態あるいは，秋から冬にかけての落葉状態を記録し，フェノロジーの違いについて考察しなさい．
(3) 常緑樹数種の葉を観察し，葉寿命を比較し，LMAや葉の強度，化学的防御物質の有無（葉のにおいから推察）と相関があるか考察しなさい．

3.3　樹木の成長と資源獲得戦略

　樹木の成長様式は，光，水，養分などの資源を獲得するための戦略と捉えることができる．本節では地上部の樹冠形成を中心に，樹木の成長を定量的に解析する方法から，これを生態学的な資源獲得戦略として解釈する考え方まで解説する．

3.3.1　樹木のモジュール性と樹冠形成

　樹木は固着性であるため，生育環境に合わせて葉の形態や配置を変えて受光量や光合成量を調節し，根の形態や配置を変えて水や養分物質の吸収量を調節する．幹や枝は，根から吸収した水や養分物質を葉に運び，光合成によって葉で生産された炭水化物をほかの部位へ運ぶとともに，樹体を力学的に支える役割を果たす．また，花や果実の時間的，空間的配置も送粉者や種子散布者を誘引するために重要な戦略である．

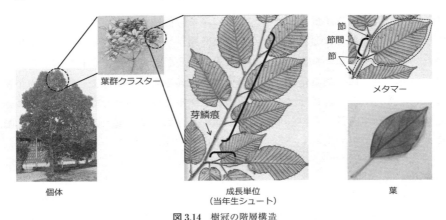

図 3.14 樹冠の階層構造
樹木個体は様々な繰り返し構造のモジュールの集合体と捉えることができる．

a. モジュール性

樹木は，**モジュール**と呼ばれる階層性をもつ繰り返し単位で構成されている**モジュール性生物**である．哺乳類を含む**単体性生物**は，手や足などの器官の数は変化せず，それぞれの器官が大きくなることで成長する．一方，モジュール性生物では，成長とともに葉や枝などの器官の数が指数関数的に増加する．また，動物が摂食行動を行うように，単体性生物は個体が移動することで資源を獲得するが，モジュール性生物は，モジュールの数や配置を調節して資源を獲得する．

樹木には様々な繰り返し構造があり，それぞれをモジュールと捉えることができる（図3.14）．葉が着いている枝の位置を**節**と呼び，節と節の間の枝部分を**節間**と呼ぶ．基部に**腋芽**をもち，先端に葉をもつ節間部を１つのモジュールとみなすことができ，**メタマー**あるいはファイトマーという．基部の腋芽が伸長すると，新たなメタマーとなる．

１つの**先端分裂組織**からつくられた枝葉を含む**シュート**は，メタマーの集合体である．１回の成長期に連続的に成長するシュート部分を**成長単位**（growth unit あるいは extension unit）といい，温帯樹木の場合は**当年生シュート**（当年枝＋当年葉）がこれにあたる．春に冬芽が伸長するときに，枝に**芽鱗痕**ができるため，年々の成長単位を形態的に判別できる．ただし，環境条件が良いと，春に当年生シュートが伸長した後，同じ年内に**二次伸長**する種も存在する．この場合，当年生シュートは複数の成長単位から構成される．

大きな樹木では，複数のシュートが集まって**葉群クラスター**という構造単位を

図 3.15 クスノキ，ウツクシモミでみられる葉群クラスター
クスノキでは枝から垂直に伸びた稚樹のような樹形の反復がみられる．

つくる場合がある．葉群クラスターを形成する樹種では，葉がかたまって分布しているようにみえ，クラスターとクラスターの間は，隙間が空いているようにみえる（図3.15）．さらに幹に着いている枝を**一次枝**といい，これは複数の葉群クラスターから構成される．樹木は光や養分物質などの資源が多い方向にモジュールを増やし，環境条件の悪い場所のモジュールを枯らしながら成長することで，資源を獲得する．このような成長様式をとることで，森林内の時空間的に不均一な環境に適応することができる．

b. 樹冠形成の規則

樹木の空間的な形状や分枝構造を総称して**樹形**という．個々の樹木の枝葉部分を**樹冠**といい，樹種ごとに遺伝的に定められた**樹冠形成の規則**があるため，それぞれ特有な樹形が形成される．樹木の先端分裂組織には，枝軸の先端に位置する**頂芽**と側方に位置する**側芽**がある．頂芽が幹や枝の主軸をまっすぐ延長する**単軸成長**（monopodial growth），側芽が主軸にとって代わる**仮軸成長**（sympodial growth），また側芽に由来する**側生枝**が直立する（orthotropy）か，斜方する（plagiotropy）か，といった指標をもとに，樹木の樹冠形成規則は23種の**樹形モデル**に類型されている（Hallé et al., 1978）（口絵8）．これらの発達規則に従って形成される構造単位を樹形の**構築単位**（architectural unit）という．一定の発達規則のもとで発達した樹冠が成長とともに複雑化する，あるいは攪乱などで樹冠の発達過程がリセットされると，新たな構築単位が形成される．この現象を**樹

形の反復 (reiteration) という．

c. モジュールの自律性と相互作用

　森林の中の樹木を観察すると，街路樹のように樹冠が根元を中心に均等に広がっている個体は稀であり，ほとんどの場合，幹が曲がり樹冠の発達方向に偏りがみられる．これは，隣接する他個体の存在や地形の影響を受けて，樹冠部に入射する太陽光の強さが不均一になり，光がよく当たる方向に向けて樹冠が発達することが一因と考えられる．植物には中枢神経がないため，個体全体で能動的に成長を統制することはできない．個々のモジュールが，光強度などの局所的な環境条件に対して自律的に反応する結果，樹形が形成されていく．

　一方で，樹冠を構成する葉やシュートなどのモジュールは維管束で相互に連結されており，生理的，栄養的に完全に独立した単位ではない．樹冠内のモジュール間では，水，養分，植物ホルモンなどの物質のやりとりを介して相互作用が生じる．たとえば，個体内の光環境の差が大きいほど，明るい樹冠上部の枝葉と暗い下部との成長差が著しくなり，被陰された下枝がより早く枯れ上がる相互依存性の**抑制効果**（correlative inhibition）が起こる（竹中，2000）．

d. モジュールの生理的統合と組織化

　樹冠を構成する葉やシュートなどのモジュールは，半自律的に局所的な環境条件に依存した成長や動態を示す一方で，近接するモジュール間では生理的な相互作用があり，より上位の構造レベルで生理的に統合され組織化されていると考えられる．たとえば，円錐型の樹形を示す多くの針葉樹では，幹や枝の頂芽から発生する**頂生枝**はよく伸びるが，側芽から発生する**側生枝**は，枝の基部ほど短くなる．このような芽の位置による伸長成長の違いは局所的な光環境の違いによるものではなく，植物ホルモンを介した内的な**頂芽制御**によって起こる（図3.16）．また，シュートは伸長しながら新たな芽を形成するが，伸長中の頂芽の基部に位置する芽の発芽は，頂芽に由来するオーキシンの作用によって抑制される（**頂芽優勢**）．このように，近接する複数のシュートが生理的に統合され，階層的な樹形（hierarchic architecture）が形成されていく．

　さらに，モジュールの生理的統合と組織化は，生育段階によっても変化する．樹冠の発達が進むにつれ樹形の反復が起こり，若木の階層的な樹形は，老木にみられるような，生理的に統合された構築単位を複数もつ多頭的な樹形（polyarchic architecture）に移行する（図3.17）．樹冠を構成するモジュールが，どの構造レベルで生理的に統合されているのかは，樹木種によって異なる可能性があり，今

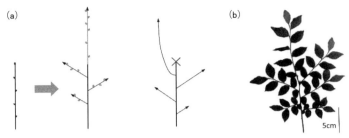

図 3.16 頂芽優勢によるシュート形態の変化
(a) 頂芽制御，頂芽優勢：前年に形成された芽から，翌年に当年生シュート（矢印）が伸長する．このとき頂芽制御によって，先端部のシュートほどよく伸びる．また，当年生シュートに新たに形成される芽は，頂芽優勢により発芽しない．頂生枝を剪定すると，頂芽制御が解除され，前年の側芽から出た当年生シュートが頂生枝のように長く伸長し直立する．(b) ウスノキの枝系を上から見た写真．末端のシュートほど長い（頂芽制御）．また，基部の短いシュートほど，節間が短くなり，枝に対する葉の重量割合が大きい．葉は互いに重ならず，自己被陰を避けるように配置されている．

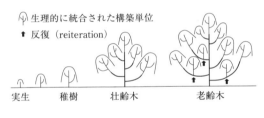

図 3.17 樹冠発達にともなって多頭的な組織に移行する模式図
若木の段階ではすべてのモジュールが生理的に統合されている．生育段階の進行にともなってモジュール数が増え，樹冠内部が空洞化すると，潜伏芽が萌芽してモジュールの反復が起き，多頭的な樹形に移行する．

後さらなる研究が必要である（石井他，2006）．

3.3.2 樹形および樹木成長の定量的解析

a. モジュール動態

樹冠はシュートや枝などのモジュールの集合体であるため，モジュール数の変化から樹冠の発達を定量的に解析することができる．たとえば，樹冠を構成するシュートについて1年後の運命を個々に調べると，①そのまま伸長して成長する（成長），②腋芽から分枝して新たなシュートを生産する（出産），③枯枝する（死亡）といった異なる運命をたどる．シュートを個体とみなし，個体群の人口統計学的解析を適用すると，樹冠の動態（発達，維持，衰退）をシュート個体群の動態として解析することができる．シュートが花芽を形成する確率を組み込むと，樹木の花の生産量を予測することもできる．シュートの空間的な位置情報を組み込めば，樹形がつくられる過程をシミュレーションで再現することもできる．

図 3.18 樹形の受光機能
(a〜c) 光環境に応じたシャシャンボの樹形変化 (Kawamura and Takeda, 2002). 陽当たりの良い環境で生育した個体では,シュートが直立し,マルチレイヤー(複層)型の樹形になり (a:上から見た写真,b:横から見た写真),暗い林床で生育した個体では,シュートは水平に伸び,モノレイヤー(単層)型の樹形になる (c). 個体の一部の枝系のみ示す.
(d) 葉の三次元空間分布から自己被陰の程度を推定するプログラム (Y-plant) を使った解析例 (Osada and Takeda, 2003). 熱帯樹木の稚樹の葉の空間配置を,朝と昼の太陽の入射角から見た図. 色の濃い部分が葉の重なり(自己被陰)がある部分を示す.

b. 樹冠解析

樹形の特徴を簡便に定量化する指標として,樹高に対する樹冠幅(じゅかんはば)の比率,樹冠投影面積あたりの葉面積(個体の LAI),**分枝頻度**(ぶんし)(末端部のシュートが平均何本のシュートに枝分かれしているか)がよく使われる. 樹高に対する樹冠幅の比率が高い扁平な樹形は,**モノレイヤー(単層)型**樹形と呼ばれ,個体の LAI が小さく,分枝頻度が低い. このような樹形は,閉鎖した林冠下で生育する極相種の稚樹や低木種によくみられる(図 3.18). 光補償点に近い弱い光が主に上方から入射してくるような暗い林床では,葉の相互被陰を避けて単層に葉を配置することで受光効率を高めていると考えられる. 逆に,樹高に対する樹冠幅の比率が低い縦長の樹形は**マルチレイヤー(複層)型**樹形と呼ばれ,個体の LAI が大きく,分枝頻度が高い. このような樹形は,明るい環境で育つ陽樹に典型的である. 入射光が強いため,複層に葉を配置して光を受ける構造をつくっていると考えられ

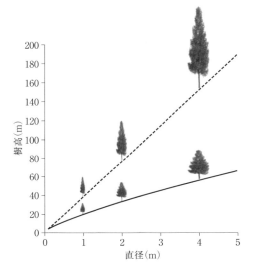

図 3.19 樹形のアロメトリーと相似形
アメリカの 480 種の樹木について，それぞれの種の最大樹高記録をもつ個体の樹高（H）と幹直径（D）のデータに対して，アロメトリー式を当てはめると，$H = 20.6 D^{0.73}$ となった（実線，Niklas, 1994）．これを幾何学的な相似形を保って成長すると仮定したときの関係（点線）と比べると，樹木は大きくなるにつれてずんどうになっていることがわかる（イラストの樹木の樹冠幅は幹直径に比例するよう書いた）．

る（3.1 節参照）．また，林縁などでは側方から入射する散乱光も多いため葉を鉛直方向に複層配置していると考えられる．このような樹形の受光機能については，より精密な解析法も開発されており，葉の空間配置と葉面の方位角や仰角を測定し，太陽光の入射方位と角度のデータをもとに，個々の葉の受光量と相互被陰の程度を計算することもできる（村岡，2003）．

c. アロメトリー

樹形の規則性や物理的な制約を定量的に理解するうえで，成長にともなう生物のかたちの変化を表す**アロメトリー式**が有用である．

$$Y = aX^b \tag{3.10}$$

ここで，Y と X は体の寸法の変数で，たとえば，樹木の幹の直径，樹高，樹冠幅，葉面積，幹断面積のような定量できる数値を入れる．b はスケーリングの係数と呼ばれ，$b = 1$ のとき Y と X の比率は一定となり，体のかたちはサイズによらず相似形となる．$b \neq 1$ のとき，体サイズの変化にともなって体のかたちも変化する．樹木の樹高と幹の直径のアロメトリー関係は相似ではなく，樹高が高いほど幹の直径が相対的に太くなる（図 3.19）．直立した円柱体が力学的安定性を保ちながら高くなるためには直径が高さの 1.5 乗に比例して大きくならなければならないからである（**弾性相似**）（本川，1992）．また，樹形のパイプモデル理論によると，枝の直径とその枝の先についている葉量の関係は，単一のアロメトリー式で記述

できる（図3.20）（城田・作田, 2003）. アロメトリー式を応用することで, 直接測定が困難な葉量や材積などを, 測定しやすい幹直径から推定することができる（3.1節参照）.

d. 成長解析

植物生理生態学の成長解析理論（寺島, 2013）は, 成長速度の種間差や生育環境に応じた種内変異の要因を解析するときに有用である. この理論では, 個体内の資源配分を解析するために, 植物体を構成

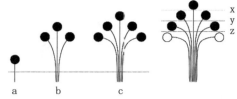

図3.20 樹形のパイプモデル理論
一定量の葉（●）はその通導組織として一定量のパイプをもっていると仮定するモデル. このモデルによると, 樹冠をある平面で切ったとき, 幹と枝の断面積の合計値と, その面よりも上に付いている葉の総量との関係は, 樹木の生育段階（a, b, c）や樹冠内での切断面の位置（x, y, z）によらず, 一定である. ただし, 枯れて葉を失った枝（○）があるとき, それより下の幹の断面積は, 残された古いパイプの分だけ大きくなる.

する各器官（根, 幹, 枝, 葉）の乾燥重量を測る. そして, 地上部（幹, 枝, 葉）／地下部（根）比や, 全重量に占める葉の割合（leaf mass fraction, **LMF**）を計算する. 次いで, 各器官に配分された光合成産物がどのような形態で利用されているかを簡便な指標で計算する. 葉および幹の一部を採取し, 葉の単位重量あたりの葉面積（specific leaf area, **SLA**）および材密度を求める. そして, 成長速度に影響を与える外的, 生理的な要因を表す指標として, 単位葉面積あたりの同化速度（net assimilation rate, **NAR**）という指標をつくると, 成長速度は以下の式で書くことができる.

$$\text{RGR} = \frac{dW}{dt} \times \frac{1}{W}$$
$$= \text{LAR} \times \text{NAR} = \text{LMF} \times \text{SLA} \times \text{NAR} \quad (3.11)$$

ここで, **RGR**（relative growth rate）は**相対成長速度**と呼ばれる指標で, 単位重量（Wは植物体の総重量）あたりの重量増加（dW/dt）で表す. RGRはサイズの異なる植物間で成長速度の比較をするうえで都合の良い指標である. 式(3.11)を使えば, RGRの種間差や生育環境に応じた変化の要因を, 葉への物質配分（LMF）, 葉の形態（SLA）, 光合成による同化速度（NAR）に分解して解析できる.

3.3.3　樹形の多面的機能と資源獲得戦略におけるトレードオフ関係

<u>樹木の樹冠形成は，受光能力，養水分吸収能力，競争能力，萌芽力，力学的強度など，多面的な機能に影響を与える</u>（竹中，2004）．また，樹形は水や養分の輸送経路である．その結果，光環境だけでなく，水分や養分環境も樹冠形成に影響を与えている．成木が繁殖し始めると繁殖器官への資源配分や繁殖成功を最大化するような繁殖器官の配置および生産という新たな機能的要求も追加される．さらに，樹木体を破壊するような，攪乱の強度や頻度も樹形形成に影響を与える．樹冠の構造やその形成過程を解析するにあたっては，樹形のもつ多面的機能を考慮する必要がある．

a.　物質配分のトレードオフと成長戦略

<u>植物が光合成で獲得する有機物の量は有限であり，たとえば，地上部（幹，枝，葉）の成長に光合成産物を配分すると，その分，地下部（根）に配分できる量が減る</u>というように，成長には**トレードオフ**の制約がある．そして，各部位の成長が資源を獲得するうえで異なる機能をもち，すべての機能に優れたオールマイティーな成長様式は存在せず，最適な成長戦略は環境条件によって異なると考える．一例として，最適な地上部／地下部の現存量比に関する理論（巌佐，1990）を紹介する．

光資源を獲得するためには，地上部（幹，枝，葉）への光合成産物の配分が必要である一方，水や養分を獲得するためには地下部（根）への光合成産物の配分が必要である．最適な地上部／地下部比は，光合成速度の律速要因となっている資源が何であるかによって変わる．林床のように，水や養分などの地下資源は比較的豊富だが，太陽光が少ない環境では，地上部への資源配分を増やし，**受光能力**を高めることが優先される．一方，土壌の発達が貧弱な尾根沿いや岩場などでは，光の量よりも水や養分の不足が光合成を制限する要因となる．このような環境では，地下部への資源配分を増やし，**養水分吸収能力**を高めることが優先される．

b.　光を獲得するための樹木の成長戦略

森林では，樹木は他個体と競争しながら成長するため，個体の資源獲得だけでなく，他個体と競争しながら資源を獲得する能力（**競争能力**）も重要になる（酒井，2002）．光は上方から入射するため，受光能力を高めるためには水平方向へ樹冠を発達させて幅広な樹形をつくるほうがよい．しかし，他個体よりも高い位置に葉を配置し，光獲得競争を有利に進めるためには，樹高成長にも投資しなけ

ればならない．このように，樹形の側方成長と上方成長の間には，受光能力と競争能力のトレードオフ関係が存在する．

屋久島の照葉樹林では，耐陰性が低く，他個体との競争が激しい先駆種は，極相種よりも幹直径に対して樹高が高い縦長な樹形を示し，受光能力よりも競争能力を優先する（相場，2000）．また，光が成長を制限する林床に生息する低木種は高木種よりも樹高が低く幅広な樹形をもち，競争能力よりも受光能力を優先した樹形を示す．

植物は，他個体の存在を光質の変化をもとに感知し，シュートを伸ばして被陰されるのを避けようとする避陰反応を示すことがある．植物の葉は，クロロフィルの吸収波長である赤色（600～700 nm）や青色（400～500 nm）を主に吸収する．緑色（500～600 nm）や遠赤色光（700～800 nm）は葉ではほとんど吸収されず，葉面で反射するか葉を透過する．そのため，近くに植物が存在すると，光質（波長組成）の変化が起こる．植物はこの光質の変化を葉や冬芽に存在するフィトクロムなどの光受容体で感知し，光環境に応じた形態形成や樹冠形成を示す．また，避陰反応は，安定した光環境に生育する極相種よりも，他個体との光獲得競争が激しい先駆種でより強く起こる傾向がある．

c. 攪乱に対する樹木の成長戦略

樹木は，光合成で獲得した有機物をすぐに成長や繁殖に利用せず，地下部や幹にデンプンなどの貯蔵物質として蓄積することがある．このような貯蔵物質は，攪乱（倒木，被食，火災）などにより地上部が破壊されたときに，樹木体を再生するエネルギー源となる．斜面地形など，攪乱が頻繁に起こるような環境に生育する樹木は，成長だけでなく貯蔵物質にも光合成産物を配分する戦略をとっている（酒井，2000）．

貯蔵物質への配分は，成長への配分とトレードオフ関係にあるため，貯蔵物質をつくることは競争能力の面で不利である．しかし，地上部が失われるような大きな攪乱が起こると，光の獲得競争はリセットされてしまう．このとき貯蔵物質をもつ樹種は，潜伏芽や不定芽から萌芽し，地上部を再生することができ，豊富な光資源と空間を独占できる．萌芽力は樹種によって異なり，頻繁に攪乱が起こる渓畔林や森林火災が頻発する地域の先駆種は，高い萌芽力を示す．このような違いは，攪乱の種類や規模，頻度に対する適応的な貯蔵物質への資源配分戦略を反映していると考えられる（石井他，2006）．

攪乱に適応した樹木の成長戦略は，貯蔵物質をつくることだけではない．攪乱

に対して物理的に抵抗するために，**材密度**の高い幹や枝を作る戦略もある．材密度が高い幹は力学的に強いため，物理的な攪乱（台風，落枝など）によって倒木するリスクが低い．ただし，材密度を高めるために多くの光合成産物を幹に投資すれば，その分成長が制限される（トレードオフ関係）．森林の下層で生育する樹木の稚樹の材密度を比較すると，極相種は先駆種よりも材密度が高く生存率も高いが，成長速度は遅い傾向がある．

3.3.4　地下部の構造と機能
a.　根の形態と機能分化
　根は一見すると，地上部の葉や枝に相当するような機能的に分化した器官がないように思われるが，実際は，根の直径や分枝構造上の位置によって，養分吸収を担う根と通導や支持構造を担う根に機能分化していると考えられる．末端に位置し，ほとんど肥大成長をしない**細根**や表皮が分化した根毛は，養分吸収の機能を担い，地上部の葉に相当する器官である．一方，木質化して直径が太く，根元に近い位置にある根は，主に通道や支持構造として機能しているため，地上部の幹や枝に相当する器官といえる（表3.2）．

b.　根系成長の定量的解析と資源獲得戦略
　根系の形態や機能について，生態学的な理解はまだ十分に進んでいない．地下部は，地上部に比べて成長様式の調査が困難であることに加え，以下のような地下環境に特有な複雑性があるためである．地下部の資源（養分）は種類が豊富で，養分の種類によって空間分布，拡散速度，水溶性などの物理化学性が異なる．さらに，根の養分吸収能力を規定する要因に，菌根菌や根圏微生物との生物学的な相互作用も含まれる．

　根質量あたりの根長比（specific root length, **SRL**）は，根の形態的な指標の1つである．SRLが高い，長く細い根を多くつくれば，同じ根質量でも，根の表面積が大きくなるため，養分の吸収能力が高まると考えられる．根系の定量的解析としては，根系の空間的な広がり（垂直分布，水平方向の広がり）を測定する方法に加えて，分枝構造（次数や角度，直径分布など）を数値化する方法が使わ

表 3.2　根の形態と生理的機能の関連性（Hishi, 2007 より作成）

根の太さ	SRL	木化	寿命	呼吸速度	養分吸収能	主な機能
太根	低	大	長	小	小	支持，通導
細根	高	小	短	大	大	養分吸収

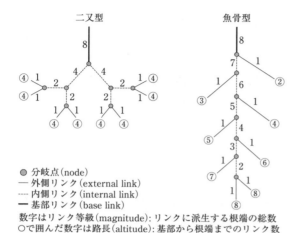

図3.21 グラフ理論に基づく根系の数値化と解析（城田，2009）基部から根端にいたる経路を分岐点でリンク（節）に区切り，根端に至るまでのリンク数（路長）や1本のリンクから派生する根端の総数（リンク等級）を用いて，根系の位相幾何学的な違いを数値化する．図は8つの根端をもつ対照的な根系（二又型および魚骨型）の例．路長合計（二又型 = 32，魚骨型 = 43）によって両者の違いが数値化できる．

れている（図3.21）．

　根系の構造および形態と養分吸収機能の関係については，実験室内で栽培可能な草本作物を材料とした研究によって理解が進みつつある．それによると，地上部で観察されるような生育環境に応じた形態変化や成長反応は，地下部においても同様に起こっていることがわかっている．たとえば，リン酸欠乏下で植物を育てると，根の現存量割合が増加しSRLが高くなり，養分吸収能力を高める反応が起こる（大崎，2004）．また，養分の分布が不均一な環境で育てると，養分濃度が高い土壌域に局所的に根系を発達させる反応も起こる．このような成長反応を制御する生理的なメカニズムの解明も並行して進んでいる．植物は養分欠乏下に置かれると，それを地上部に伝達する物質（植物ホルモンやタンパク質）を根で生産する．地上部がその伝達物質を受容すると，光合成産物の根への配分が増える．

3.3.5　樹形形成規則の応用

　植物は光合成によって生産した光合成産物を枝や葉，根などの器官に配分し，新たな形態形成が，光や養水分など新たな資源獲得を可能にするという形態-生理間の**正の**フィードバックによって成長する（石井他，2006）（図3.22）．フィードバックとは，ある原因により生じた結果が，今度は原因に影響を及ぼす仕組みのことである．正のフィードバックはある方向への変化を強めるようにはたらくが，負のフィードバックは恒常性の維持のようにある終点に向かって収束するよ

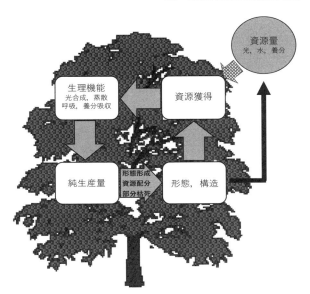

図 3.22 樹木における形態–生理間の正のフィードバック（石井他, 2006）

うにはたらく．この原理の理解は，造園や緑地管理など樹木を管理する分野において必要となる．庭木や街路樹の剪定技術は，これまで経験的に継承されてきた．また，在来種を用いた緑化では，しばしば自然樹形を再現する剪定技術が求められる．樹形形成の規則を理解し，樹木個体を構成するモジュール単位や，樹種ごとに異なる萌芽力などを考慮して作業を行うことで，剪定後の切り口の壊死を予防し，枝葉の回復過程を予測でき，自然樹形を再現することにも役立てることができる．

［河村耕史］

発展課題
(1) 大学構内や公園の樹木の枝と樹形を観察して，どんな分枝規則（枝長，分枝数，角度，単軸または仮軸分枝）があるのか調べ，樹形との関連性を考察しなさい．
(2) レオナルド・ダ・ヴィンチは，樹木の観察を通して，枝の太さに関するある法則に気がついた．その法則とは，「枝分かれの前と後で枝の断面積の合計値は不変である」というものである．この樹形のダ・ヴィンチ則について，自分の手で調べて検証しなさい．庭木などで枝の太さを測定し，データを解析すること．また，なぜそのような法則が成立するのか，原因について考察しなさい．

第4章
森林土壌と分解系

本章のめあて
- 森林土壌の構成要素，生成過程，分類，局所的変動を学び，土壌と人間活動の関係について理解する．
- 分解系における有機物の分解過程について学び，これを担う分解者の役割や生態的特性，森林植生との相互作用を理解する．

4.1 森 林 土 壌

　土壌は陸上生態系の極めて重要な構成要素である．森林生態系では，樹木の巨大な地上部を支える安定した物理的支持基盤が必要であるため，頻繁に土壌の侵食や崩壊が起きる場所では森林は成立しない．さらに，樹木を含む陸上植物は固着性生物であり，発芽，定着した生息場所の局所的な環境条件によって生存，成長できるかが決まる．植物の生存，成長にかかわる環境条件として光，水および養分があげられるが，これらのうち水と養分は基本的に土壌から根系を介して吸収され，かつ植物にとって代替不可能な（不足していてもほかのもので補うことができない）資源である．森林生態系において窒素やリンなどの養分元素の主な集積場所は土壌であり，森林生態系では通常施肥などは行わないため，植物にとって養分の供給源は土壌における有機物の分解，無機化過程に大きく依存している．

　本節では土壌に関する基本的事項を解説したうえで，生態系レベルの比較的狭い空間スケールにおいて，微地形や植物-土壌間の相互作用により生じる土壌特性の局所的変動についてみていく．また，土壌の物理化学的特性に関する詳細は，『最新土壌学』（久馬，1997）ほか土壌の専門書（河田，2000；柴田，2018；日本土壌肥料学会，2015）を参照されたい．

4.1.1　土壌の生成と構成要素
a.　土壌の地質的材料と風化作用
　土壌が直接生成される地質的材料が**母材**（parent material）であり，母材のも

ととなる岩石が**母岩**(parent rock)である．母岩はその成因から**火成岩**(igneous rock)，**堆積岩**(sedimentary rock)および**変成岩**(metamorphic rock)に大別される．

火成岩はマグマが冷却固結した岩石であり，**安山岩**や**花崗岩**などが含まれる．堆積岩は水底や地表の堆積物が続成作用により固結した岩石であり，**砂岩**，**頁岩**および**凝灰岩**などは侵食や火山放出物の堆積によってできる**砕屑性堆積岩**である．**化学的堆積岩**は，海水や湖水から化学的あるいは生化学的に形成された沈殿物が主な構成物質であり，**岩塩**や**石こう**などが含まれる．このうち**チャート**，**石炭**および**石灰岩**など，生物遺骸あるいは生物の作用によるものは**生物性（有機）堆積岩**として区別される場合がある．変成岩は火成岩，堆積岩あるいは変成岩が強い圧力や高い温度の作用により変成した岩石であり，**片岩**や**片麻岩**が含まれる．このほか，火山灰などの火山放出物や広域風成塵といった**外来性母材**が土壌生成に影響を及ぼすこともある．

岩石は鉱物の組み合せによってできており，岩石の構成成分となっている鉱物は造岩鉱物と呼ばれ，その主体はマグマが冷却される過程で形成された**一次鉱物**(primary mineral)である．数多くの一次鉱物が知られているが，大陸岩石圏の約90％は5種類の一次鉱物（**長石**，**石英**，**輝石**，**角閃石**および**雲母**）により構成されている．また，一次鉱物の細粒化や変質により，あるいはその過程で新たに生成された鉱物を**二次鉱物**(secondary mineral)と呼ぶ．二次鉱物は微細であり，大部分は粘土画分（後述）の土壌粒子として存在することから**粘土鉱物**とも呼ばれる．主な二次鉱物には**ケイ酸塩鉱物**（層状ケイ酸塩鉱物，非晶質鉱物および準晶質鉱物）や**酸化物鉱物**，**水酸化物鉱物**などがある．

岩石圏と地表近くでは温度や圧力といった環境条件が大きく異なるため，岩石圏で生成された物質は地表近くの条件では新たな安定状態に向かい変化していく．この際に働く作用を**風化作用**(weathering process)と呼ぶ．風化作用には**物理的風化**(physical weathering)作用と**化学的風化**(chemical weathering)作用があり，相互に関係しあいながら風化が進行する．<u>物理的風化作用は岩石や鉱物の物理的崩壊による細粒化の過程であり，化学的風化作用は鉱物の溶解による変質の過程である</u>．一次鉱物の風化速度は結晶構造と化学組成によって異なる．たとえば結晶構造が単純なカンラン石は**風化抵抗性**が低く風化されやすい．一方，より複雑な石英や白雲母は風化抵抗性が高く，風化されにくい．岩石の風化速度は鉱物の組成によって異なる．風化の進行とともに，降水量が可能蒸発散量（潜

在的に蒸発散可能な量）より多い溶脱条件下（4.2節参照）では可動性の高い陽イオン（たとえばCa^{2+}やNa^+など）から失われていく．そのため，風化が進行していない土壌では母材と土壌の化学組成が類似するが，風化が進行した土壌では最も可動性が低いFe^{3+}やAl^{3+}の存在割合が高くなる．一方，寒冷，乾燥な気候条件下では化学的な風化作用と陽イオンの溶脱が進みにくい．

b. 土壌の生成

陸域の地表面に物理化学的風化によって生成された**細粒物質（レゴリス）**が存在するだけでは，それらを「土壌」とみなすことはできない．「土壌」には生物や生物遺体に由来する有機物を欠くことはできず，生物の存在によって生じるレゴリスの物理化学的な変化（＝土壌化）を通じて，「土壌」が生成されていく．この過程を**土壌生成過程**と呼び，土壌生成過程には生物のほかに，土壌の地質的材料である母材，土壌が生成される場所の気候と地形，および土壌生成の時間が相互にかかわりあいながら影響を及ぼす．すなわち，土壌は母材，気候，生物，地形のある時間にわたる相互作用により生成され，土壌生成過程に影響を及ぼすこれら5つの因子を**土壌生成因子**と呼ぶ（Jenny, 1994）．

土壌は固体部分（**固相**）のみで構成されているものではなく，液体部分（**液相**：土壌水）と気体部分（**気相**：土壌空気）も存在し，固相には無機物（土壌粒子）と有機物を含む．また，土壌は色や構造など肉眼で判別できる特徴が異なるいくつかの層が水平に重なった形態（**土壌層位**, soil horizon）を示し，**土壌断面**（soil profile）における土層の分化が特徴である．土壌化が進行するとともに土壌の三相（固相，液相，気相）がある程度の容積バランスをもつようになり，土壌層位が発達することで鉛直方向の物理化学的性質の違いが生じる．

森林土壌の土層は，地表面に近い**有機物層**（A_0層または**O層**）とその下位にある**鉱質土層**に分けることができる（図4.1）．有機物層の存在は森林土壌の大きな特徴であり，主に動植

図4.1 土壌断面にみられる土壌層位の模式図（松本哲也氏作成）

物の遺体であるリター（4.2節参照）およびその分解物を含む様々な分解段階の有機物から構成されている．有機物層は有機物の分解程度に応じて3つに分けることができる．地表面に最も近い**L層**では，有機物分解が進んでおらず植物組織の大部分が原形をとどめている．その下の**F層**では，ある程度有機物分解が進み細片化などが生じているものの肉眼で植物組織が識別できる．最下位の**H層**では有機物の分解がさらに進んで微細片となり，肉眼では植物組織を判別できない．アメリカ農務省（USDA）の分類（Soil Survey Staff, 2014）におけるO_i層はL層，O_e層はF層，およびO_a層はH層とそれぞれおおむね対応している．

鉱質土層の主なものは，**A層**，**E層**，**B層**，**C層**および**R層**があげられる．A層はA_0層の下に位置し，**腐植**（後述）を多く含むことにより黒褐色や暗褐色を呈する．E層は，A層の下位にありA層に比べ腐植が少ない．また，リターや腐植に由来する有機酸などの作用により鉄やアルミニウムが溶脱する層であり，風化しにくい石英などの鉱物が残存することで，A層に比べ淡い色（灰白色など）を呈する．B層はA層の下位（またはE層が存在する場合はその下位）にあり，腐植に乏しく上位層からの溶脱物が集積する層で，褐色あるいは黄褐色や赤褐色を呈する．C層はB層の下位にあり，土壌生成による変化をほとんど受けていない層で，主に物理的風化により細粒化された母材からなり，未風化母材が含まれることも多い．R層はC層の下位にある未風化の岩盤（基岩層）である．このほか，地下水が溜まる場所では還元状態により青灰色や灰白色を呈する**G層**がみられる場合もある．また，わが国の林野土壌の分類（土じょう部，1976）においてはA層上部に外生菌根菌糸束（4.2節参照）やその遺体が集積した灰白色の層がみられる場合に**M層**と呼んで区別している．

c. 土壌粒子の粒度区分と土性

土壌粒子は大きさによって物理化学性が異なり，粒径が小さくなるとともに比表面積（表面積/体積比）や水分保持能，粘着性などが高くなる．そのため，土壌粒子の組成は土壌の物理化学的特性と密接に関係しており，粒径に基づいた粒度区分が設けられている．国際土壌学会法では，粒径の大きいものから**礫**（gravel, >2 mm），**粗砂**（coarse sand, 0.2〜2 mm），**細砂**（fine sand, 0.02〜0.2 mm），**シルト**（silt, 0.002〜0.02 mm）および**粘土**（clay, <0.002 mm）と定義されており，**土性**（soil texture）の決定においては粗砂と細砂をあわせて砂（0.02〜2 mm）と扱う（なお，砂とシルトの境界には0.05 mm（Soil Survery Staff, 2014）あるいは0.063 mm（IUSS Working Group WRB, 2015）などを用いる場合もあ

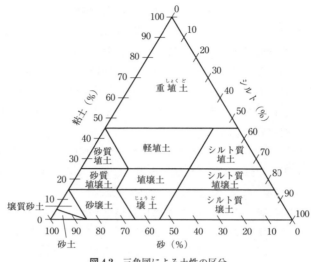

図 4.2　三角図による土性の区分

る).礫を除く3区分(砂,シルトおよび粘土)の重量を合計し,各区分の重量百分率を算出して三角座標軸上に示すことで,土性(図 4.2 の各領域に示された名称)を決定することができる.<u>土性は,土壌の透水性や通気性,養分保持能などを示す指標であり,粘土割合が高いと透水性や通気性は低いが養分保持能は高く,砂割合が高いと透水性や通気性は高いが養分保持能は低い</u>.

d. 土壌の有機物

土壌に存在する有機物には様々な形態があり,分解者など生きた生物体を除くすべての有機物は**土壌有機物**(soil organic matter)と呼ばれる.土壌有機物の分け方にはいくつかの方法があるが,たとえば生物体も含めた土壌に存在する有機物は形態に基づいて以下の6つに分けることができる(Perry *et al.*, 2008).

①植物細根:共生微生物(菌根菌と菌根菌糸)を含む
②その他の生物体:糸状菌,バクテリア,原生動物,無脊椎動物など
③溶存態有機物(dissolved organic matter):植物や微生物により生産され土壌水に溶存している有機物
④植物リター:地表に供給された葉,小枝および繁殖器官など,および地中に供給された枯死根や枯死菌根などで分解が進んでいない状態のもの
⑤粗大木質有機物(coarse woody debris):倒木などの大型木質リター
⑥腐植(humus)

腐植は土壌有機物と同義に用いられる場合もあるが，ここでは植物リターやその他の生物遺体などが分解を受け，その一部が分解と変性を繰り返して合成された暗色の不定形高分子有機化合物を指す．腐植は分解抵抗性が高く，窒素やリンなどを比較的多く含んでいるため，ゆっくりと分解されることで植物や微生物にこれらの養分物質を長期間にわたり供給する．また，水分や通気性の保持に重要な役割を果たすことに加え，腐植に含まれるカルボキシレート基（$-COO^-$）の負荷電による陽イオンの交換吸着（土壌の陽イオン交換基の1タイプ）を通じて養分保持にも関係している（5.3節参照）．

4.1.2　土壌の分類

何らかの方法で対象とする森林土壌を区別できれば，その森林土壌の総合的な特徴を端的に示すことができる．しかしながら，土壌生成過程には5つの土壌生成因子が影響を及ぼし，多様な土壌が存在するため，1つの基準のみでは土壌をうまく分類することができない．そのため，現在用いられている国内外の土壌分類は，ピラミッド型の多階層構造をもっている．わが国の林野土壌の分類（土じょう部，1976）を例とすると，分類カテゴリーは4つのレベルからなり，最も上のレベルは**土壌群**，次いで**土壌亜群**，**土壌型**および**亜型**と呼ばれる．土壌群レベルでは，7つの土壌群と未熟土に区分される．それぞれの土壌群では，土壌生成に最も強く影響を及ぼす要因が異なるため，土壌断面における特徴層位の配列と性質に違いがみられる．

① ポドゾル群（podzolic soils）：有機物層が発達し，E層とB層をもつ酸性の土壌
② 褐色森林土群（brown forest soils）：A層，B層，C層をもち，一般に弱酸性〜酸性を示す土壌
③ 赤・黄色土群（red and yellow soils）：淡色または層厚の薄いA層，赤褐色〜明黄褐色のB層，およびC層をもつ酸性の土壌
④ 黒色土群（black soils）：火山灰を母材とし，厚い黒色〜黒褐色のA層をもつ土壌
⑤ 暗赤色土群（dark red soils）：淡色または層厚の薄いA層，赤褐色〜暗赤褐色のB層をもつ土壌
⑥ グライ土壌群（gley soils）：地下水の影響により灰白色のG層をもつ土壌
⑦ 泥炭土群（peaty soils）：湛水条件により有機物分解が進まず，有機物が堆

積した土壌

⑧未熟土群（immature soils）：土壌生成期間が短く層位の分化が明瞭でない土壌や土壌侵食により土層の一部を欠損した土壌

わが国の森林では，面積割合で約70%は褐色森林土，次いで約12%が黒色土であり，その他は5%以下である（Hashimoto et al., 2012）.

土壌亜群は，土壌群の細分であり，土壌群の特徴を典型的に示す典型亜群のほか，最も強く影響を及ぼした要因以外で異なる要因の影響がみられるものや，ある土壌群とほかの土壌群の中間的特徴をもつものを区分する．土壌型は土壌亜群の下位の単位であり，特徴層位の発達程度や土壌構造などの違いから区分し，亜型は土壌型のうち性質や特性の変異幅が広い場合の細区分である．たとえば，褐色森林土亜群（B）は水分環境に応じて6つの土壌型と1つの亜型に細分され，それらは乾燥の強い順にB_A：乾性褐色森林土（細粒状構造型），B_B：乾性褐色森林土（粒状・堅果状構造型），B_C：弱乾性褐色森林土，$B_{D(d)}$：適潤性褐色森林土（偏乾亜型），B_D：適潤性褐色森林土，B_E：弱湿性褐色森林土およびB_F：湿性褐色森林土である．

このほか，国内では**日本土壌分類体系**（日本ペドロジー学会，2007），国際的には**世界土壌照合基準**（**World Reference Base for Soil Resources：WRB**）（IUSS Working Group WRB, 2015）やUSDAの分類（**soil taxonomy**）（Soil Survery Staff, 2014）などがある．林野土壌の分類とこれらの最も大きな違いは，林野土壌の分類では特徴層位の発達などの土壌断面の形態的特徴に基づいて分類するのに対し，これらの分類法では特徴土層や識別特徴と呼ばれる分類基準を定義し，それらの有無や設定された定量的基準を一定の順序に配列した検索表により分類する（キーアウト方式である）ことである．

4.1.3　土壌特性の局所的変動

わが国の森林は大部分が急峻な傾斜地に存在するため，同じ森林内であっても，地形によって土壌特性が局所的に変異する．たとえば同一斜面で比較した場合，土壌に供給された降水の一部は斜面の上部から下部に向かって流れ，これにともなって溶存物質も斜面の下部へ移動する．また，母材の堆積の仕方も異なり，斜面の上部は侵食や崩壊により斜面下方へ移動しなかった残存物（**残積土**），斜面の下部は斜面上方から侵食や崩壊により移動した堆積物（**崩積土**）であり，斜面の中腹では斜面上方からの移動と斜面下方への移動がほぼ釣り合っている（**匍行**

土).このため,斜面の上部は斜面の下部に比べ乾燥しやすく,養分物質量も少なくなる.このような地形にともなう土壌環境条件の違いは,異なる生理生態学的特性をもつ植物種の分布の要因となる(1.1節参照).さらに植生の違いは,土壌に供給される植物リターの養分含有量や分解性の違いをもたらす.このような植物-土壌間の**正のフィードバック**(5.2節参照)によって土壌特性の違いが強調され,斜面上の位置に応じた土壌型の変化として現れる.褐色森林土亜群を例とすると,尾根や斜面の上部では乾性の B_A 型や B_B 型あるいは B_C 型が出現し,斜面の中腹では適潤性の $B_{D(d)}$ 型および B_D 型,斜面の下部では適潤性の B_D 型から弱湿性の B_E 型,斜面の下部から渓畔の緩斜面〜平坦地では弱湿性の B_E 型から湿性の B_F 型がみられることが多い(図4.3).このような土壌型の違いにより,斜面の上部では下部と比較して固相率が高い,pHが低い,硝化活性が低いなど,様々な物理化学的土壌特性の違いがみられる.しかしながら,斜面の形態や排水性,乾湿条件などにより,斜面上の位置と出現する土壌型の関係が異なる場合もある.

加えて,斜面方位の違いも土壌の物理化学的特性に影響を及ぼす.斜面方位が異なると日射量の違いにより,北半球では南斜面は北斜面に比べ温度は高く,湿

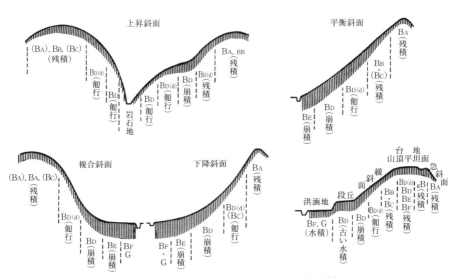

図4.3 斜面形態と出現土壌型(河田,2000を改変)
注)水積とは水の作用により運搬堆積した母材

度は低くなる．しかしながら，対象地域によって温度あるいは湿度が土壌に及ぼす影響の相対的重要性が異なるため，斜面方位が土壌に及ぼす影響は一定ではない（菱他，2010；廣部他，2013）．

一方，平坦地では地形による土壌の変化が小さいため，ある植物個体や植生パッチとその直下の土壌における植物–土壌間の正のフィードバックが創出する土壌特性の局所的変動がみられる．このような土壌特性の局所的変動は，植生が不連続なパッチ状に分布する乾燥地域や低温地域でとくに顕著であり，「肥沃の島」と呼ばれる．木本あるいは草本植物に覆われた植生パッチにおいて，植物根系は植生パッチ内の表層だけでなく，パッチ内の下層やパッチ外の土壌にも分布しており，根系により集められた養分は植物リターとして植生パッチ直下の土壌に供給される．植生パッチは供給された植物リターを固定するだけでなく，地表面や空中を移動する微細粒子も捕捉するため，植生パッチ直下の土壌は植生のない裸地の土壌に比べ有機物や養分の濃度が高くなり，植生が維持，更新されやすい．さらに，被覆する植生の有無だけでなく，被覆する植物種が異なることが生物相を含む様々な土壌特性の局所的変動を生じさせる場合もある（Hirobe *et al.*, 2001；Ushio *et al.*, 2010）．一方，火災や大型ほ乳類による強度の植生摂食などの攪乱が生じると，攪乱自体の影響に加え，植物–土壌間の正のフィードバックが失われることで，土壌特性の分布パターン（2.1節参照）がランダムあるいは一様分布を示す場合がある（Hirobe *et al.*, 2003, 2013）．

4.1.4　人間活動と森林土壌

森林土壌の特性は多様な機能を介して私たちに様々な生態系サービスを提供している（図4.4）．陸上生態系において，土壌には植物バイオマスの数倍に匹敵する炭素が有機物として蓄積されているが，温暖化が進むと**土壌呼吸量**（3.1節参照）

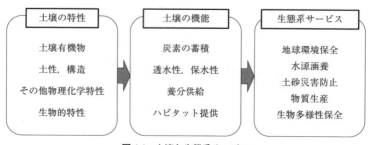

図4.4　土壌と生態系サービス

が増大し，これらの炭素が二酸化炭素として大気中に放出される可能性がある．さらに，土壌は二酸化炭素よりも単位分子あたりで大きな温室効果をもつ**メタン**や**亜酸化窒素**の放出源でもあることから，その特性や機能は地球上の炭素循環に大きな影響を与えうる．また，火山灰の影響により高い酸緩衝能をもつことが多い日本の森林土壌では，**酸性雨**（5.3節参照）による著しい土壌の酸性化はこれまでのところ生じておらず，河川や湖沼の酸性化を緩衝している．しかし，酸の累積負荷量と土壌の酸緩衝能などから西日本の日本海側，九州西部および中部地方などでは今後酸性化リスクが高いと指摘されている（環境省，2014）．

森林土壌では，分解者の活動や根の腐朽などにより形成された大小様々な隙間が，雨水を地中に浸透させる**透水性**や水を貯留する**保水性**を高めるとともに，水質を浄化して私たちの生活基盤となる水資源を涵養(かんよう)する機能をはたしている（5.1節，6.1節参照）．日本の森林土壌が蓄えることのできる水量は，年間の生活水使用量の3倍以上とされ，また，化学肥料が導入される以前，森林土壌は農業に欠かせない落葉堆肥（いわゆる腐葉土）の供給源でもあった．さらに，森林土壌は肉眼ではみえない微生物を含め，多様な生物に生息場所（ハビタット）を提供することにより，生物多様性保全にも密接に関係している（4.2節参照）．

森林の管理方法を間違えば，**土壌侵食**や**表層崩壊**が生じやすくなる．また，このような地表攪乱が生じた際に，風化した花崗岩の地域など侵食されやすい場所では植生がなかなか回復しない．人間が樹木を伐採しすぎた結果生じたこのような「はげ山」は，かつて日本各地にみられたが，植林や緑化などによって現在は二次林となっている．近年，里山の管理放棄により植生が変化した結果，土壌の物理化学的特性が変化し，マツタケが採れなくなるなど，林産物の生産にも影響が及んでいる（5.2節参照）．森林土壌は漁業にも貢献しており，沿岸部では森林土壌に由来する様々な養分が渓流や河川を経て沿岸域へ流入し（5.3節参照），豊かな漁場をつくる．このような森林土壌が提供する生態系サービスを保全するため，**魚つき保安林**が指定されている．　　　　　　　　　　　　　　　［廣部　宗］

発展課題

(1)「森林，土壌，断面」をキーワードとしてインターネットで画像検索し，3箇所以上の異なる森林における土壌の特徴を比較し，違いを引き起こす要因を説明しなさい．
(2) 森林土壌が提供する生態系サービスの具体例をあげ，それを保全するためにはど

のように森林を管理すればよいか，議論しなさい．
(3) 土性の簡易判定法（野外判定法，現場判定法とも呼ばれる）を検索し，土壌を少量の水で湿らせて手でこねることにより，採取可能な複数箇所における土性を比較しなさい．

4.2 分解系の生態学

　森林土壌に供給される落葉，落枝，枯死材，枯死根などの植物遺体や，動物の遺体や糞などの有機物を総称して**リター**と呼び，このうち地表に落下物として供給される落葉，落枝などを地上部リター，地中に供給される枯死根や枯死菌根などを地下部リターと呼ぶ．また，地上部における植物体の枯死，脱落の過程を**リターフォール**と呼ぶ．森林生態系におけるリタフォール量は，1年間で1haあたり3〜10tに達するのに対し，動物由来のリターの量は，最も多い場合でも平均50kg程度に過ぎない．したがって森林生態系における分解過程は植物リターの分解がその大部分を占める．

　リターは土壌において分解を受け，物理的，化学的に変化する．分解には大きく，**溶脱**，**細片化**，**異化**の3つの過程がある．

- **溶脱**（leaching）は，物理的な水の移動にともなって，可溶性の物質がリターから溶け出す過程である．分子量の低い有機物（単糖類，オリゴ糖類，ポリフェノール，アミノ酸，ポリペプチドなど）や，無機態の養分物質（窒素，リン，カリウムなど）が溶脱を受ける．
- **細片化**（fragmentation）は，リターが物理的に小さくなる過程である．乾燥と吸水，凍結と融解のくり返し，および土壌動物による摂食や粉砕などにより細片化が進む．
- **異化**（catabolism）は，分解者が生産する**細胞外酵素**（extracellular enzymes）のはたらきによって有機物が化学的に変化し，低分子化される過程である．低分子化した有機物の一部は，微生物に吸収され，さらに代謝されて最終的には二酸化炭素と水，無機態の養分物質に変化する．

4.2.1　分解過程

a. 分解速度

分解速度は，単位時間あたりのリターの重量減少量により記述される．リター

は溶脱，細片化，異化により大きさや化学組成が変化し，重量が減少する．リターの重量変化は，野外にリターバッグを設置して調べることができる（図4.5）．リターバッグは一定量のリターを封入したメッシュバッグで，林床に設置後，一定期間ごとに回収し，バッグ内に残存するリターの重量や化学組成，およびそこに存在する土壌生物を調べることで，リターの分解速度や化学的変化，分解にかかわる土壌生物の群集組成を明らかにすることができる．

リターバッグ法で調べたリター重量の時間経過にともなう変化は，指数関数に従う．

$$\frac{W_t}{W_0} = \exp(-kt) \tag{4.1}$$

ここで，W_tは時間tにおけるリター重量，W_0は初期重量，kは分解速度定数，tは時間である．リターの重量変化のデータに，この指数関数式を当てはめることで，分解速度を指数関数の傾きであるkとして記述できる（図4.6）．世界中の陸上生態系で，様々な種類のリター（落葉，木質有機物，細根など）を材料に，分解速度が測定されてきた．これらの研究により，分解速度は環境条件，リターの質，分解者の群集組成の3要因に大きく影響されることが明らかになった．

気温や降水量といった気候条件や，斜面位置（尾根，谷など），立地条件などの環境条件は，分解者の活性を介してリターの分解速度に影響する．たとえば，熱帯林から温帯林，北方林，ツンドラに至る各種気候帯で比較すると，寒冷な気候帯ほど分解が遅い．森林樹木の葉のkは，熱帯林で0.2〜15.3/年（平均1.85），

図4.5 リターバッグ
大きさは15cm平方，2mmメッシュ

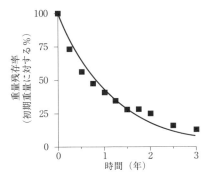

図4.6 分解にともなう落葉の重量残存率の変化と指数関数の当てはめの例
沖縄本島北部の亜熱帯林におけるスダジイ落葉の重量変化．$k=0.856$/年．

図 4.7 スダジイ落葉の漂白

温帯林で 0.1～3.5/年（平均 0.93）という値が観測されている（Takeda, 1998）．同様に，標高が高くなるにつれて気温が低下するため，分解速度は遅くなる．また同じ植生帯で比較すると，年平均気温が低いほど，あるいは降水量が少ないほど，分解速度が遅い．より狭い空間スケールでは，森林の斜面において，湿潤な谷よりも乾燥した尾根のほうが分解速度は遅い．

落葉，落枝，木材などの植物リターには，可溶性糖類，ポリフェノールなどの**水溶性有機物**やリグニン，セルロース，ヘミセルロースといった**構造性有機物**など，様々な有機化合物が含まれ，それぞれ分解速度が異なる．水溶性の有機物は溶脱や異化を受けやすいため，分解開始直後に初期重量の 90% 以上が失われる．これに対し，構造性の有機物は分解が遅い．なかでも植物リターの主要な構造性有機物であるリグニンとセルロースは，**難分解性**である．両者あわせて落葉重量の 60～80%，木材重量の 90% 近くを占めており，地球上で最も量的に多い有機物であるが，リグニンを効率よく分解できる土壌生物は限られている（後述）．

分解者である土壌生物の群集組成の違いも，リターの分解速度に影響する．難分解性のリグニンを活発に分解する菌類の一種である**白色腐朽菌**は，その定着場所における分解速度を促進する．落葉にリグニンを選択的に分解する白色腐朽菌が定着すると葉が**漂白**され，漂白を受けた部位の分解速度は，ほかの部位に比べて速くなる（図 4.7, Osono, 2006a）．白色腐朽菌の定着は，温帯林よりも熱帯林で活発であり，熱帯林における速い分解速度の一因と考えられる（大園，2018b）．単糖類やデンプンなどの炭水化物は，土壌生物にとって重要なエネルギー源であり，一方，窒素やリンは不足しがちな養分物質であるため，これらの物質は分解が速い（**易分解性**）．大型の土壌動物の存在も，摂食や細片化などを介して分解速度に影響する（後述）．

4.2.2 分解にともなう化学的変化

リターの物理化学的な性質は，リターを食物資源として利用する土壌生物の活

性に影響を及ぼし，分解速度を変化させる．たとえば，リグニンの含有量が多いほど分解速度は遅く（図 4.8），窒素やリンの含有量が多いほど分解速度は速い．

有機物の分解を担う菌類は，直径 2〜10 μm の**菌糸**(hyphae) からできた多細胞性の**菌糸体**(mycelia) と呼ばれるネットワーク構造をもち，微小な菌糸をリターや土壌の内部に侵入させて生活している．リターに含まれる様々な有機物および分解の過程で二次的に合成された腐植酸な

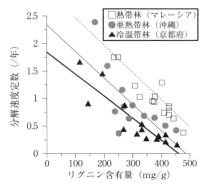

図 4.8 落葉の初期リグニン濃度と分解速度定数との関係

どが，菌類にとっての食物資源（**基質**）となる．菌類は，菌糸の先端付近から細胞外酵素を分泌し，有機物を低分子化する．ある基質の分解には，複数の酵素からなる**酵素系**がかかわる．たとえば，セルロースの分解には，**セルラーゼ**と呼ばれる一群の酵素が働く．リグニンの分解酵素は**リグニナーゼ**と総称され，リグニンペルオキシダーゼ，マンガンペルオキシダーゼ，ラッカーゼなどが含まれる．細胞外酵素のはたらきにより低分子化された有機物は，菌糸に吸収され，菌糸内でさらに水と二酸化炭素にまで異化される．

植物の細胞壁では，リグニンがセルロースを保護するように結合している．これを**リグニン化**または**木化**といい，リグニン化したセルロースは**リグノセルロース**と呼ばれる．リグノセルロースにはセルロース分解酵素のセルラーゼが作用しないため，分解に際しては，まずリグニンの除去（**脱リグニン**）が必要になる．

セルロースとヘミセルロースをあわせて**ホロセルロース**と呼び，落葉に含まれるリグニンとホロセルロースの比は，**リグノセルロース指数**（LCI）と呼ばれ次式で表される．

$$\mathrm{LCI} = \frac{\text{ホロセルロース含有量}}{\text{リグニン含有量} + \text{ホロセルロース含有量}} \quad (4.1)$$

植物リターの分解過程ではホロセルロースが選択的に分解されるため，LCI は減少する．このような傾向は，とくに温帯林における落葉の分解過程でみられる．リグニンがホロセルロースより難分解性なのは，ホロセルロースはグルコースが β 1-4 結合により直鎖状に重合した化合物であるのに対し，リグニンは 3 種類のフェニルプロパノイド単量体が様々な結合様式により三次元的に重合した複雑な

化合物であり，リグニンを異化するには多くのエネルギーが必要なためと考えられている．リグニンのほかにも分解過程で二次的に合成された難分解性の化合物は，腐植の主要な構成要素として，土壌に長期的に集積すると考えられている．

　植物リターの分解にともなう窒素の動態は，溶脱期（leaching phase），不動化期（immobilization phase），無機化期（mobilization phase）の3段階に区分される．溶脱期は分解開始直後にみられ，水溶性の窒素化合物が落葉から溶脱され，窒素量が減少する．続く不動化期では，落葉に含まれる炭素の量が窒素よりも多く，分解者にとってエネルギーと体構成の資源である炭素に対し養分物質である窒素が相対的に不足する．分解者は窒素が流出しないよう再利用するため窒素量は変化しないか，あるいは落葉に定着した菌類によって周辺の土壌から窒素が取り込まれることで増加する．その後の無機化期には，落葉に含まれる炭素は分解者によって消費され，二酸化炭素として失われるため，炭素に対する窒素資源の相対的不足が解消される．この段階では分解者は窒素を消費するため，窒素量は減少する．ただし，炭素に対する窒素の量が多い植物リターでは，不動化がみられず，窒素の無機化が進む場合もある．一方，窒素の不動化には土壌中の窒素が落葉中の有機物と結合して難分解性の物質が二次的に合成されることも寄与している可能性がある（大園，2004）．重窒素（^{15}N）でラベリングした有機物をトレーサーに用いた野外における植物リターの分解に関する研究でも，土壌中の窒素が植物リター中の酸不溶性残渣（主にリグニン）と結合して，不動化することが実証されている（Osono et al., 2006）．

4.2.3　分解者の種類と機能群

　森林土壌では，様々な土壌生物が分解者のはたらきを担う．土壌生物は，菌類や細菌類などの**土壌微生物**と，ミミズ，ダニ，トビムシなどの大型の**土壌動物**に大別される．

a.　土壌微生物

　土壌微生物は系統分類学的に，**菌類**（fungi），**細菌**（bacteria），**古細菌**（archaea）の3群に大別される．

　菌類は**真菌類**とも呼ばれる真核生物であり，一般にはカビやキノコ，酵母として知られる（大園，2018a）．菌類は，これまでに10万種以上が記載されている．大型の**子実体**をつくる**担子菌**や**子嚢菌**はキノコとして知られるが，子実体は胞子をつくるための生殖器官であり，生活の主体となる栄養器官は，裸眼では観察で

きない微小な菌糸である．

　細菌と古細菌は，細胞内に核膜やミトコンドリアなどの細胞小器官をもたない原核生物である．いずれも大きさが 0.5〜2 μm の単細胞性の生物である．**放線菌**類は土壌に数多く生息する細菌の一群であり，隔壁のない直径 1 μm 程度の**糸状細胞**からなるため形態的には菌類に似るが，原核生物である点で菌類とは異なる．

　土壌微生物には，栄養的，機能的に極めて多様な生物が含まれる（武田・大園，2003）．栄養的には，**独立栄養性**と**従属栄養性**の微生物がある．生態系における機能の面では，**生産者**，**寄生者**，**分解者**などに位置づけられる．なかでも分解者として中心的な役割を果たすのは，**腐生性**（saprophytic）の土壌微生物である．腐生性の土壌微生物は，細胞外に有機物を分解する細胞外酵素を分泌し，酵素の作用により低分子化した有機物を吸収して炭素資源(エネルギーと体構成の材料)を獲得する．

b. 土壌動物

　土壌動物には，ミミズ，ヒメミミズ（貧毛綱）などの**環形動物門**や，ムカデ綱，ヤスデ綱，ワラジムシ目，昆虫綱，トビムシ綱，クモ綱（クモ類，ダニ類）などを含む**節足動物門**，**線形動物門**（センチュウ類），また，モグラやネズミなどの**脊椎動物亜門**など広範な分類群を含む．かつて原生生物とされていた単細胞の真核生物グループは，現在は植物，動物，菌類を内包する大きなグループであるとされているが，本書では便宜的にクロロフィルをもたない原生生物をその機能から1つの動物グループとして扱う．以上の多様な土壌動物の分類群は，体サイズ，分解過程における機能，あるいは食物網における位置づけなどによってグループ分けされる．

　体サイズは土壌生物を分ける際に最も一般的な方法である（図 4.9）．体サイズの違いは，侵入できる**土壌孔隙**の制限や，物理ストレス耐性，分解への関与の仕方などの機能面にかかわっており，分解者の種類や個体数の定量方法も異なる．体幅に応じて，0.1 mm 以下の動物は**小型土壌動物**（soil micro-fauna），2 mm 以下の動物は**中型土壌動物**（soil meso-fauna），2 mm 以上は**大型土壌動物**（soil macro-fauna）とされる．小型土壌動物には，原生生物やセンチュウなどが含まれ，土壌孔隙間の**液相**などを主な生活場所にしている．これらの個体数や種を計数するためには，水で満たした土壌を網やティッシュなどに包み漏斗に乗せたベールマン装置でろ過して抽出を行う．中型土壌動物には，ヒメミミズ，トビムシ，ダニ，カニムシなどが含まれる．これらの個体数や種を計数するためには，ヒメミ

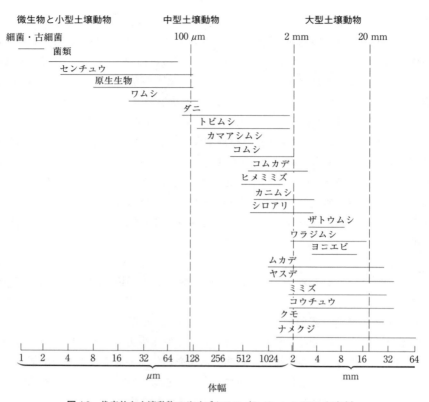

図 4.9　代表的な土壌動物のサイズクラス（Swift *et al.*, 1979 を改変）

表 4.1　土壌動物の機能群と主な機能

機能群	主な分類群	機能
微生物	古細菌, 細菌, 菌類	異化作用による分解を直接担う
微生物食者	原生生物, センチュウ, トビムシ, ササラダニ	微生物の捕食による微生物群集機能の改変
リター変換者	ダンゴムシ類, ヤスデ	リター摂食による微生物資源の改変
生態系改変者	ミミズ, シロアリ	リターと鉱物質土壌の攪拌による土壌構造の改変, 土壌生物の生活環境の改変
捕食者	捕食性センチュウ, トゲダニ, カニムシ, ムカデ, アリ	微生物機能を改変する上記諸機能群の制御

表 4.2 様々な土壌動物分類群における機能群の例

分類群	基準	グループ
センチュウ	食性	植物寄生性, 細菌食性, 菌食性, 捕食者
ササラダニ亜目	食性	腐植食, 菌・腐植両食, 菌食, 細片食
トビムシ綱	食性 生活形	藻類食, 菌食, 腐植食, 吸汁性, 捕食 気中性, 表層性, 半土壌性, 真土壌性
ミミズ綱（ヒメミミズは除く）	生活形	地表性, 地中性, 表層採食地中性
シロアリ科	食性, 生態	木材食, 土壌食, キノコ培養

ミズについてはベールマン装置の上部に熱源をつけたオコーナー装置で，トビムシ，ダニを中心とする小型節足動物の種や個体数については土壌を金網バケツに乗せて上から熱を加えるツルグレン装置による抽出法で定量される．大型土壌動物には，ミミズ，ヤスデ，ムカデ，アリ，シロアリ，ハエ（幼虫）などが含まれ，ウインクラー装置やハンドソーティングなどの方法で個体数や種類などを定量する．以上の土壌動物の採集や調査法については，『森林立地調査法』（森林立地調査法編集委員会，2010）に詳しく解説されている．

　分解過程への関与の仕方によりグループを分ける方法もある（表 4.1）．土壌動物が分解過程においてはたす役割として，微生物食による微生物機能の改変，リターの構造変化，土壌環境の改変があげられ，それぞれの機能を担う生物群は，**微生物食者**（microbial grazer），**リター変換者**（litter transformer），土壌の**生態系改変者**（soil ecosystem engineer）と呼ばれる（金子，2007）．リター変換者と生態系改変者は，リターや腐植物質を餌とするので，**腐植食者**（detritivore）とも呼ばれる．これらに加え，土壌には根など生きた植物組織を直接利用する**根食者**（root feeder），ほかの土壌動物を摂食する**捕食者**（predator）などが存在する．根食者は機能的には葉を食べる一次消費者と同じであり，正確には分解者ではない．しかし土壌を主な生活場所とし，ほかの分解者にリターを供給する重要な土壌動物である．分解過程において微生物食者は異化作用に直接影響し，リター変換者，生態系改変者はリターの細片化によって微生物の生育条件を改変し，間接的に影響する．

　土壌動物のそれぞれの分類群のなかで，分解する基質の違いや，食物網における位置づけの違いによって**機能群**に分けられる（表 4.2）．土壌動物にとっての餌や棲み場所は，土壌の深度に沿って変異するため，土壌動物の多くは土壌表面からの深さ方向に沿って異なる種類が優占する場合が多い．たとえばトビムシは，

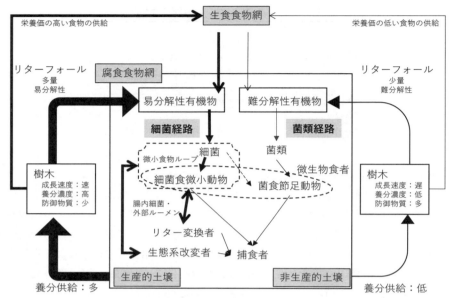

図 4.10 機能群から描かれる腐食食物網

生産者である樹木は土壌の腐食食物網に有機物を供給し，腐食食物網により無機化された養分物質を根から吸収する．生産的な土壌では細菌経路，非生産的土壌では菌類経路が卓越する．それぞれの腐食食物網の特徴が樹木の養分利用の違いを通して生態系の物質循環速度に影響を及ぼす．

表層性，半土壌性，真土壌性に分けられ（口絵9），ミミズは表層性，地中性，表層採食地中性に分けられる．同じ分類群のなかで異なる食性のものを含んでいるセンチュウなどの場合には，植物寄生，細菌食，菌類食，捕食性のように，食性によって分けられる．

4.2.4 腐食食物網

分解過程における土壌微生物と土壌動物の機能的連結により，土壌中には**土壌食物網**（soil food-web）が形成される．生葉や花など生きた植物体から始まる食物連鎖を**生食連鎖**と呼ぶのに対し，落ち葉や落葉落枝，根からの滲出物など死んだ植物体から始まるものを**腐食連鎖**と呼ぶ（図4.10）．生食および腐食連鎖系における複雑な生物間関係を表すのが**生食食物網**および**腐食食物網**である．両者は完全に分離されておらず，生食食物網の生物は死んだ後，分解者の餌になり，生食食物網の生物である鳥やカエルなどがミミズ，トビムシなどの土壌動物を摂食するなど，生食食物網と腐食食物網の間を相互にエネルギーが行き来する．森

林においては，生産者である植物が同化した純一次生産量（3.1 節参照）のうち 10％未満が生食食物網に流れ，系外への流出もほとんどないため，残りの 90％以上は最終的に腐食食物網に供給される．腐食食物網においては，大量の植物リターをエネルギー源として，分解者どうしの複雑な生物間相互作用が営まれ，有機物の分解が進む．

　腐食食物網の場である土壌には，植物リターだけでなく，生きた根と物質を交換して共生する菌根菌や，生きた根から滲出する低分子基質を利用して増加する細菌類，生食連鎖生物の死体や排泄物を利用する生物など，植物リター以外の資源も供給され，これらの経路も腐食食物網の一部と捉えられる．土壌における腐食食物網の基盤は微生物が有機物を利用するところから始まり，大型腐植食者や上位捕食者は，双方からのエネルギーを利用する．

　腐食食物網の主要な経路として，根の滲出物など利用しやすい有機物資源を好む細菌から始まる**細菌経路**（bacterial channel）と，リグニンや脂質などの難分解性の物質を好む菌類から始まる**菌類経路**（fungal channel）が存在する．細菌類は，難分解性の基質を多く含む土壌条件ではほとんど増殖できないため，根の周囲数 mm の**根圏域**（rhizosphere）や動物腸内など，十分な養分資源や水分がある安定した環境条件，かつ十分な資源供給がある場所で活動する．このため，根圏域では細菌を捕食する原生生物やセンチュウなどで構成される**微小食物網**（micro-foodweb）が卓越する．一方で菌類の菌糸は乾燥条件でも十分に活動が可能であり，菌糸間での物質輸送も行われるため，**非根圏土壌**など分解が遅い条件下では菌類経路が卓越し，トビムシなどの菌食動物が増加する．このような微生物経路の違いにより，土壌生物の食物網構造が特徴付けられると考えられている．

　食物網における生物の位置づけを**栄養段階**（trophic level）といい，捕食者はその被食者より高く位置づけられる．しかし，土壌における捕食や被食の関係を直接観察することは難しい．また腐食食物網では，資源が様々な生物によって繰り返し利用されることや，微生物を餌とする高次栄養段階の生物も，死後は微生物の餌となり，菌食者，捕食者に再度消費されるというループ経路が存在するため，腐食食物網の全体像は未だ明らかにされていない．

4.2.5　土壌生物が分解過程に与える影響

1965 年から始まった国際生物学計画（IBP）では，腐食連鎖系におけるエネル

表 4.3 各森林タイプにおける土壌微生物（菌類＋細菌類）による呼吸代謝量のうち，菌類が占める割合

植生帯*	森林群集*	割合（%）
北方常緑針葉樹林	トウヒ林	67～80
冷温帯落葉広葉樹林	ナラ・シデ林	80
冷温帯落葉広葉樹林	ブナ林	53～70
暖温帯常緑針葉樹林	マツ林	62～82
暖温帯常緑広葉樹林	シイ林	82

*1.2 節参照．

ギーや物質の流れと，土壌生物の働きから土壌分解系の機能を明らかにするため，様々な土壌生物の現存量や呼吸量が，世界中の森林で測定された．その結果，森林土壌では，土壌有機物の 80～95％が土壌微生物により分解されていることが明らかになった．一方，土壌動物による分解への直接的な寄与は 5～20％以下と一般に小さい．さらに森林の土壌呼吸において真核微生物（菌類）が占める割合は 50～80％であるのに対し，原核微生物（細菌，古細菌）の寄与は 20～50％であり，菌類の寄与が細菌，古細菌に比べて大きい（表 4.3）．

a. 菌類分解の多様性と遷移

天然に存在する多様な有機物を分解する菌類は，種ごとに生産する酵素の種類や量が異なる．同化しやすい単糖類や有機酸，脂肪酸といった基質は，ほとんどの菌類が分解できるが，難分解性のリグニンやセルロースの分解酵素は，特定の種しか生産できない．分解菌は，生産する酵素や分解活性によって，**リグニン分解菌**，**セルロース分解菌**，およびこれら構造性有機物の分解力をもたず，易分解性の糖類に依存する**糖依存菌**に区分される．とくに，リグニンの分解酵素であるリグニナーゼは，担子菌類や一部の子嚢菌類しか生産できないため，リグニンの分解過程は，植物リターに含まれるリグニンの含有量だけでなく，リグニナーゼ活性を有するリグニン分解菌が定着するか否かにより決定される．

リグニン分解菌は，リグニンを分解する際のエネルギー源として利用するために，ホロセルロースを同時に分解する．リグニン分解に要するホロセルロースの消費量によって，リグニン分解菌は 3 群に区分される（Osono, 2007）．リグニン分解効率が最もよいのは，**選択的リグニン分解菌類**である．一方，**同時分解菌類**はリグニンとホロセルロースを等比率で分解し，**選択的セルロース分解菌類**はホロセルロースを選択的に分解する．リグニンは褐色の物質であり，セルロースは白色の物質であるため，選択的なリグニン分解を受けた落葉や木材は，セルロー

スが残存して白色化する．これを落葉では**漂白**，木材では**白色腐朽**と呼ぶ．一方，セルロースが選択的に分解されるとリグニンが残存し褐色化する（**褐色腐朽**）．

　分解過程では，基質に定着する分解菌の種組成や相対量，分布パターンが時間とともに変化する．これを**菌類遷移**という．温帯林における落葉の分解においては，様々な樹種や地域の菌類遷移に共通のパターンが観察される．樹上の生葉には，すでに様々な菌類が定着している．生葉の菌類は**葉圏菌類**（ようけん）と呼ばれ，葉の表面に存在する**葉面菌**（ようめん）と，葉の組織内部に存在する**内生菌**に大別される．葉圏菌類の一部は，葉の老衰，枯死後も存続し，落葉の初期定着者となる（Osono, 2006b）．葉の老衰時に定着し，そのまま落葉に存続するものは，**第一次落葉生息腐生菌**（らくようせいそくふせいきん）と呼ばれる．葉圏菌類や第一次落葉生息腐生菌の多くは糖依存菌で，生葉や枯死直後の落葉に多く含まれる易分解性の糖類を利用して素早く成長するが，基質が枯渇すると落葉から姿を消す．次に落葉に定着するのが，落葉の構造性有機物であるセルロースを利用できる**第二次落葉生息腐生菌**である．その後，強力なリグニン分解活性を有する担子菌類や，その分解産物を二次的に利用する土壌菌類が定着し分解が進む．

4.2.6　土壌動物の分解過程への影響

　有機物の分解は主として微生物による生化学的過程によって進行する．しかし微生物はしばしば食物資源の不足や不適環境において，休眠するなど活性が低下するため，動物による摂食や物理的な撹乱が微生物活動の促進において重要になる．現存量と呼吸量に基づいた推定では，土壌動物がリター分解の寄与において果たす直接的な役割は，上述の通りわずか5〜20％であるが，動物による微生物の摂食や，土壌の物理環境の改変，腸内での微生物共生を介した分解など，間接的な役割は決して小さくない．たとえば，リターバッグの網目のサイズを微生物と小型土壌動物のみ進入できる50 μm 程度，中型以上の土壌動物が侵入できる1〜2 mm 以上と，条件を変えて野外に設置した場合，土壌動物が侵入できないバッグ内のリターの分解速度は30％以上低くなる．また，土壌動物による分解過程への関与は，動物のサイズによって異なり，微小なものは微生物機能に，大きなものは土壌構造の形成に主に寄与する（図4.11）．

　土壌動物による分解過程への影響には，摂食によって微生物や菌類の分解活性を高める効果と，特定の微生物や菌類を選択的に摂食することで分解者の群集組成を変化させる効果がある．微生物食者が分解過程を促進する例として，**根圏効**

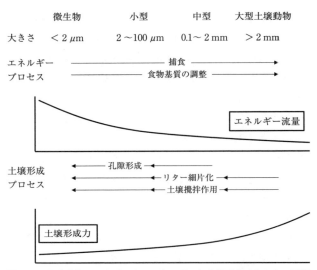

図 4.11 土壌動物のサイズによるエネルギーと土壌形成にかかわる影響の強さ

小さな動物ほど短期的なエネルギー流量に，大きな動物ほど長期的な土壌構造の形成に重要な役割を果たす．それぞれの役割が異なるサイズの生物に影響する．

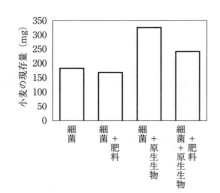

図 4.12 土壌細菌のみの場合と，原生生物を添加した場合の小麦の成長の違い（Clarholm, 1985 より作成）

小型土壌動物の有無は肥料よりも重要．

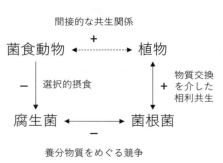

図 4.13 菌食者の選り好みによる微生物競争関係の改変

4.2 分解系の生態学

表 4.4 ミミズの生活形

機能群	食物	形態的,個体群的特性	機能
表層性	表層で植物リターを採食	小型,濃色,成長が早い,多産,短命	植物リターの変換を主とする表層土壌の攪拌
地中性	深部で土壌を採食	大型,淡色,成長が遅い,少産,長命	深部で土壌を水平的に攪拌
表層採食地中性	深部に坑道を掘って生活し,表層で植物リターを集めて摂食する	かなり大型,成長が遅い,少産,長命	土壌表層リターと深部の土壌を垂直的に攪拌

果があげられる．細菌類は植物根の近傍数 mm において，根からの低分子基質を利用し，周囲土壌から有機態窒素を取り込むため，養分物質をめぐって植物と競合する場合がある．微生物食の原生生物やセンチュウは，微生物の体内に保持され不動化した養分物質を，摂食により解放し，植物が利用できるようにする（図4.12）．菌類の分解活性も菌食者によって促進される．菌食性のトビムシによる摂食がある場合，ない場合と比べて微生物の活性は 1.5～2 倍になる．

微生物食者による微生物の選択的な摂食は，菌根菌と腐生菌の競争関係を変化させる．菌根菌は植物の根に共生し，植物から糖をもらう代わりに土壌から吸収した養分物質を植物に供給する微生物である．対して腐生菌は植物リター由来の腐植から養分物質を得るため，しばしば養分物質をめぐって菌根菌と競合する．菌食性のトビムシやササラダニは，一般的に菌根菌よりも腐生菌を好んで摂食し，**菌根菌-植物共生体**に有利にはたらく（図4.13）．リター変換者や生態系改変者による土壌環境の攪乱も同様に微生物の群集組成に影響する．ワラジムシ類やヤスデ類による落葉の摂食は，微生物の生活場所を攪乱するため，物理的な攪乱に強い細菌が増加し，同時に菌糸のネットワークが寸断される菌類は減少する．

<u>生態系改変者は，土壌攪乱作用をもつと同時に，無機鉱物と有機物を攪拌し，**土壌団粒**を形成することで，土壌の層位形成など，土壌の構造に長期間にわたる影響を与える</u>．とくに温帯ではミミズの現存量が大きく，土壌の構造を形成する際に重要な役割をはたすことが古くから知られる（ダーウィン，1881；渡辺訳，1994）．ミミズによる土壌団粒の形成により，有機物からの養分物質の放出が促進されるだけでなく，透水性と保水性を備えた土壌の構造が形成される．ミミズが土壌生態系に与える影響は生活形によって大きく異なる（表4.4）．**表層種**のミミズは主にリター変換者に近い機能をもち，**表層採食種**は，地中の坑道で生活をし，土壌表層の植物リターを採食するため，土壌深くの鉱物質層と植物リターの

物理的な攪拌やA層の形成を強力に進める生態系改変者である．**地中種**は，土壌深くに生息し，深い層の土壌を摂食することで，地中の土壌攪拌を行う生態系改変者である．ミミズのように自ら穴を掘るタイプの生態系改変者では，柔らかい土壌に住む表層性より，硬い土壌に住む地中性種や表層採食地中性種のほうが体サイズは大きくなる．一方，自ら穴を掘らない微生物食者のトビムシ（口絵9）などは，地中種ほど小さくなる．

シロアリは温帯にも分布するが，熱帯域では種数や密度が高く，重要な生態系改変者である．シロアリは主に植物遺体を餌とし，セルロースを強力に分解する**社会性昆虫**である．下等シロアリは腸内の**共生原生生物**を主体としたセルロース分解をしているが，高等シロアリは自らセルラーゼを生産できる．キノコシロアリ類といわれるシロアリは，巣内の菌類培養室で担子菌に糞を分解させ，繰り返し摂食する．

<u>生態系改変者は，土壌の分解を促進する効果が大きい一方で，土壌における長期的な炭素貯留に貢献する</u>．たとえば，ミミズは短期的には有機物の無機化を促進するが，時間の経過とともに有機物の分解を停滞させる機能もはたしている．ミミズが形成する土壌団粒は，団粒中の有機物が物理的に保護されること，団粒内部が嫌気状態になること，粘土鉱物の付着，基質組成の変化があることなどにより，有機物からの炭素放出を遅らせ，土壌における炭素貯留と温室効果ガスの低減に寄与している．

4.2.7　森林生態系における生産者と分解者の相互作用

植物の生産機能と土壌の分解者群集は物質の交換を通して密接に関係しているため，<u>森林生態系では樹木の生態学的な特徴と土壌食物網の構造は互いに関連する</u>．図4.10には対比的な植物−土壌間の**正の**フィードバックが描かれている．資源獲得戦略を優先する成長の速い樹木は，窒素濃度が高く光合成能力が高い葉を生産する代わりに，リグニンやタンニンなどの防御物質に炭素資源を割かない（3.2節参照）．植食者にとっては，餌としての葉の質が高く，糞は分解しやすい基質となる．落葉も養分濃度が高く分解しやすいため，土壌食物網では細菌経路の割合が高くなり，ミミズなどの大型動物が優占する．また，有機物分解速度が速いため腐植が蓄積せず，**腐植酸**による土壌の酸性化が起こりにくいことも細菌やミミズなどにとって有利な生育条件となる．このような系では，土壌生物相による速い有機物消費が土壌有機物に含まれる養分物質の無機化を促進し，植物は

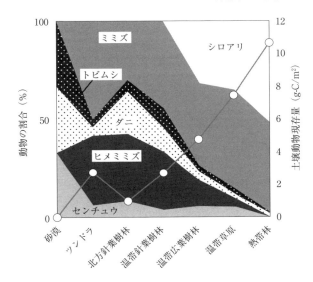

図 4.14 気候帯ごとの主要な腐植食土壌動物の現存量割合

土壌からより多くの養分物質を得られる生産的な正のフィードバックが成立する．

反対に成長の遅い植物は，資源の利用効率を高め，できるだけ節約する戦略をとる．こうした植物は，成長よりも被食防御や養分物質の再転流（5.2節参照）を優先するため，葉の窒素濃度は低く，防御物質が多くなる．植食者にとっての餌の質は低下し，糞も分解しにくいものになる．落葉も難分解性となり，菌類経路の割合が高くなるため，ササラダニやトビムシなどの菌食の小型節足動物が優占する．また，分解が遅いため林床に腐植が堆積し，腐植酸による土壌の酸性化が起こるため，菌や小型節足動物にとって有利な生育条件となる．このような系では，養分物質の無機化が停滞し，植物はより養分不足になるため植物-土壌間の正のフィードバックはますます非生産的になる．

植物と土壌食物網の特徴が互いに関連する植物-土壌間の正のフィードバック関係は，気候条件，地形，母材，遷移段階，林齢，造林施業や土地利用変化など，様々な違いのなかに現れる．たとえば熱帯雨林などの高温かつ湿潤な気候帯や養分や水分の豊富な谷では，生産的な正のフィードバックが成立する．これに対し，寒冷，乾燥な気候帯や養分物質の少ない蛇紋岩地域，養分や水分が少ない尾根では，非生産的な正のフィードバックが成立する．気候帯における土壌動物相の違いはこうした正のフィードバックを反映していると考えられる．熱帯雨林ではアリやシロアリなど大型土壌動物の現存量が大きくなり，菌食の小型節足動物は少

ない．一方，温帯林の肥沃な土壌ではミミズが，貧栄養な土壌では菌食の小型節足動物が多く，北方林では小型節足動物とヒメミミズが多い．砂漠では腐食食物網が発達せず，下位栄養段階のセンチュウなどが多い．つまり生産的な正のフィードバックが成立する生態系では，栄養段階が多く，複雑な腐食食物網が発達する傾向がある（図 4.14）．

4.2.8 地球環境の変化と分解者の関係

分解系は，植物と土壌生物の多様な相互作用によって成り立っている．近年，生物多様性の喪失による生態系機能の劣化が問題となっているが，地球環境問題の多くは，土壌生物相の劣化と関連している（金子他，2018）．将来的に温暖化が進行した場合，北方林の凍結融解頻度や夏季の乾燥などの物理的なストレスや，これらにともなう植生の変化は，土壌生物相を環境ストレス耐性の高い種が優占する群集組成に誘導するかもしれない．また，分解系の構造と機能は複雑かつ未解明な部分が多いため，温暖化にともなう土壌生物相の劣化や腐食食物網の変化にともなって分解機能がどのように変化するのかを予測しにくい．<u>土壌生物相は地上の動物相や樹木と比較して移動分散速度が遅く，気候変動に対する反応が遅れることが予測されるが，同時に生食食物網と腐食食物網の関係も変化する可能性がある</u>．気候変動によって，分解者の地理的分布がどのように変化し，それが土壌分解系の機能にどのような帰結をもたらすのか，土壌生物の多様性と分解機能や森林の持続性との関係における現実的な将来予測のための研究が求められる．

［菱　拓雄・大園享司］

発展課題

(1) 森林，公園と畑地など複数の土壌 10 cm 四方ずつを切り出して採取し，どのような虫がどれくらいいるのか数え，それらの違いが生じる原因を考察しなさい．
(2) 落葉広葉樹，常緑広葉樹とキャベツなどの葉物野菜を 0.5 mm のメッシュと 4 mm のメッシュ袋に 1 g ずつ詰めて，林地に 1～3 カ月間放置した後，重量の減少量を測定し，葉の種類や機能形質と，大型動物の有無が落葉分解速度に与える影響を調べなさい．
(3) 白色腐朽菌はなぜ森林土壌において，植物リターの強力な分解者生物となりうるのだろうか．菌糸体，リグニナーゼ，リグノセルロース，脱リグニンの 4 語を用いて，各語の意味を説明しながら論述しなさい．

第 5 章
森林生態系の物質循環

本章のめあて
- 森林生態系に出入りする水の動態について学び，土壌-植物-大気を介した水の循環と森林の水源涵養，土砂災害防止機能との関係を理解する．
- 森林生態系における窒素の内部循環，外部循環を学び，植生との相互作用や人間活動との関係について考察する．
- 森林生態系における様々な元素の循環について学ぶ．
- 森林生態系をシステムとしてとらえ，モデル化することで物質循環を定量的に解析する方法を学ぶ．

5.1 水 循 環

5.1.1 水のサイクルの概要

水は生物が必要とする物質の1つである．地球全体でみると，水は**蒸発散**を通じて海表面あるいは陸域から大気へ移動し，雨や雪として直接，または陸域を経由して海へと戻る循環をしている（図 5.1）．海からの蒸発量は陸上の蒸発散量の7倍近く大きい．それに対して，降水量は海上で陸域の 3.5 倍程度と差が小さく，これは大気を通じて陸域に水が運ばれているためである．陸域の水は，土壌水，地下水，河川水，湖沼水，永久凍土，氷河や積雪として存在する．森林生態系に着目すると，水は大気から雨や雪などの降水として加入し，蒸発散により直接大気に戻るか，土壌に浸透して地下水となり，渓流や河川，海洋へと流出していく（図 5.2）．

この節では，水が森林生態系に加入してから，系内で移動し，系から出ていくまでを追う．

5.1.2 森林生態系への水の加入

森林生態系における水の収入は**降水**である．地球全体の平均年間降水量は約 1065 mm だが，陸上では降水量はおおよそ大陸中央部よりも沿岸部で多く，ま

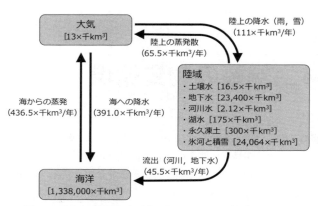

図 5.1 地球上の水の収支（沖・鼎, 2007；国土交通省, 2018）
枠内の［ ］内の数値は陸域, 大気, 海洋中の水の量を, 枠外の（ ）内の数値は 1 年あたりの水の移動量を示す. これらの数値には南極大陸の地下水は含まれていない. 陸域における水の収入は基本的に大気からの降水であり, 支出は大きく蒸発散と流出に分けられる. 森林から流出した水は地下水から渓流や河川を経て最終的に海洋に流れ込む. 森林生態系からの蒸発散で直接大気に戻らず流出する水も, 海洋などの水面から蒸発して大気に戻り, 再び降水として森林生態系に加入しうる.

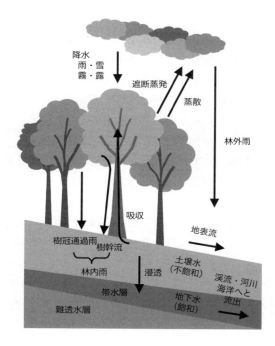

図 5.2 森林生態系に出入りする水の動き
森林生態系に加入する降水は林外雨および林内雨に分けられ, 林内雨はさらに樹冠通過雨と樹幹流に分けられる. 地表に到達して土壌に浸透していく過程で水の一部は植物に吸収されるが, それ以外は下向きに浸透して帯水層に到達し, 毛管力で土壌に保持される水だけが表層の土壌に残される.

た赤道付近で最も多いのに対して，気温が低くて大気中の水蒸気量が少ない高緯度地方では少ない傾向がある（口絵1）．日本国内の年間降水量は，全国平均で約1700 mm，最も降水量の少ない内陸部や瀬戸内地方でも1000 mm前後である．つまり，低温のために森林が成立しない高山帯など以外では，日本国内はどこでも長期的には森林が成立する程度の降水がある（1.1.1項参照）．

森林生態系の生物にとっては，降水量の季節的パターンも重要になる．季節により風向きが変化する**モンスーン（季節風）**の影響を受ける地域では，海からの風が吹く温暖な時期には降水量が多くなり，陸からの風が卓越する寒冷な季節には降水量は少なくなる．また，積雪がある地域では，積雪期に降り積もった雪は融雪期になるまで地表や樹上に保たれるため，降水量と生物が利用できる水の量に季節的にズレが生じる．融雪は，冬季に低下していた土壌微生物や植物の活性が上昇する春先に，生態系への水の加入量を増加させ，水と水に運ばれる物質の動態を変化させる．

降水以外に森林生態系に水が加入する経路として，植物による**地下水**の利用がある．地下水は，土壌に浸透した水が，水を通しにくい土壌や岩盤の層である**難透水層**の上に形成される**帯水層**に到達したものである（5.1.3項c参照）．ただし，森林の水循環において植物による地下水利用を考慮に入れた研究例は比較的少なく，とくに熱帯雨林および北方林についてはほとんど定量的な評価がされていない．

そのほかに森林生態系に加入する水として，霧や露が寄与する場合もある．熱帯の山地には湿度が高く霧が頻繁に発生し，標高が低い場所からみると雲の中になることから**雲霧林**とよばれる森林がある．海からの距離などによって異なるが標高800〜3500 mの間に分布し，熱帯林全体の1.4％を占める．雲霧林では，霧が植物の葉や枝，幹に集まり，これが水滴として土壌に落下することで，生態系への水の加入量が増加する．とくに乾季において，霧や露に由来する水は雲霧林への重要な水の加入経路である．水の安定同位体を用いた実験では，植物が根を介さずに葉から直接霧の水分を吸収することが示されている．また，北米のセコイアメスギは，梢端部の葉から霧や露を吸収し，これを蓄積する貯水タンクのような組織をもつ（石井他，2017）．

5.1.3 森林生態系内部での水の動き
a. 水ポテンシャル

水の移動について考えるとき，**水ポテンシャル**の概念が重要になる．水ポテンシャルは，純水を基準として，単位量あたりの水がもつポテンシャルエネルギーとして定義される．原則として，水は水ポテンシャルの高いほうから低いほうへと動く．つまり，水ポテンシャルの差が水の移動を生じさせているといえる．

水ポテンシャル（Ψ_S）は，以下のようにいくつかの要素の和であり，その大きさは圧力の単位（パスカル，Pa）で表す．

$$\Psi_S = \Psi_\Pi + \Psi_P + \Psi_g + \Psi_m \tag{5.1}$$

ここで，Ψ_Πは浸透ポテンシャル，Ψ_Pは圧力ポテンシャル，Ψ_gは重力ポテンシャル，Ψ_mはマトリックポテンシャルである．

浸透ポテンシャルは，水に溶けている溶質の濃度で決まり，浸透圧の値に負記号をつけた値となる．溶けている物質の濃度が高くなるほど浸透圧は高くなり，浸透ポテンシャルは低く，つまり，その系の中に水を引き込む力が強くなる．**圧力ポテンシャル**は力学的な圧力によるポテンシャルで，たとえば植物細胞内に水が入ると細胞壁が**プロトプラスト**（細胞膜に包まれた原形質体）を押す圧力（**膨圧**）が強くなり，細胞内の圧力ポテンシャルが高くなるため，細胞から水が出ていく力が強まる．**重力ポテンシャル**は，地面からの高さが1m増加するごとに0.01 MPa（1 MPa = 1000000 Pa）ずつ低くなり，樹高の高い樹木においては根から葉への水輸送に対する大きな負荷となる．土壌中の水は，土壌粒子や有機物，菌類の菌糸や植物の根の分泌物などに吸着して動きにくくなる．このときに水が吸着されるエネルギーの大きさが**マトリックポテンシャル**で，常に0以下の値を取り，土壌中の水ポテンシャルを考えるときに重要となる．水ポテンシャルは通常Pa（またはkPaやMPa）の単位で表示されるが，マトリックポテンシャルは圧力を水柱の高さで表した**圧力水頭**(すいとう)（あるいはその常用対数である**pF値**）で表されることも多い．

水ポテンシャルの構成要素それぞれの測定や計算方法については，植物の生理を扱う専門書（寺島，2013）に詳しいのでそちらも参照して欲しい．

b. 林冠から土壌への移動

森林生態系に加入した雨のうち，林冠に遮られずに地面に届いたものが**林外雨**である（図5.2）．それに対して，林冠が閉鎖した森林に降った雨の多くは，林冠の葉や枝にいったん付着した後，葉や枝から落ちる**樹冠通過雨**，あるいは木の幹

を伝わって流れる**樹幹流**として地面に届き，これらをあわせて**林内雨**と呼ぶ．林冠に付着した雨の一部は林冠から直接大気へ蒸発するが，これが**遮断蒸発**あるいは遮断損失である．遮断蒸発の量は直接測定するのが難しく，林外雨量と林内雨量の差として推定されている．樹冠通過雨量は総雨量の90%を超えることもあるのに対し，樹幹流は量的には少なく，総雨量に対する比率は3%以下である例が多い（Van Stan and Gordon, 2018 ; Ikawa, 2007）．

　地面に届いた林内雨のうち，一部は土壌の有機物層で遮断され，そこから蒸発して大気に戻る．これを**リター遮断**と呼ぶ．リター遮断量は現場での測定が難しく，その量がかなり少ないとみなされてきたこともあり，研究例は樹冠遮断量などと比較して少ない．リター遮断量は，雨量や有機物層の厚さ，リターのもととなる植物の種などにより異なり，森林に加入する降水量の2〜12%とされる．有機物層で遮断されずに通過した水は土壌へと浸透する．

c. 土壌中の水の移動

　土壌は固体部分である固相と，その隙間に入り込んでいる空気（気相）と水（液相）から成る（4.1.1項b参照）．土壌に水が加入すると，気相部分に水が入り込み，一時的に気相と液相の比率が変化する．土壌粒子間の空隙がすべて水で満たされた状態を**飽和状態**と呼び，このときの含水量を**最大容水量**または飽和容水量と呼ぶ．飽和状態の土壌中の水は，重力によって徐々に下向きに移動するが，すべての水が排出されることはない．2〜3日後には水の下向きの移動はかなり小さくなり，**毛細管現象**によって土壌の空隙に保たれた水だけが残る．重力によって排水された水を**重力水**，重力水が排水されて水の下向きの移動がなくなった状態での土壌の容水量を**圃場容水量**，このときに毛細管現象によって土壌中に保たれている水を**毛管水**と呼ぶ．森林では地表近くの土壌が飽和状態になることはあまりなく，すべての空隙には水が行き渡らない不飽和の状態で水が移動することが多い．下向きに移動した重力水は，**難透水層**の上に**帯水層**を形成する（図5.2）．帯水層では土壌は水で飽和した状態になり，この水が狭義の**地下水**である．

　土壌の含水率と土壌水のマトリックポテンシャルとの関係をグラフで表したものを**土壌水分特性曲線**と呼ぶ（図5.3）．土壌水のマトリックポテンシャルは，重力水では$-10^{1.8}$ cm（pF 1.8＝約-6 kPa）以上であるのに対し，毛管水では$-10^{4.2}$〜$-10^{1.8}$ cm（pF 4.2〜1.8＝約-1500〜-6 kPa）の範囲にある．植物の根が利用することができる水，すなわち根が吸水する力は種によって異なるが，$-10^{2.7}$〜$-10^{1.5}$ cm（pF 2.7〜1.5＝約-49〜-3 kPa）の範囲にあるとされる．土壌の水

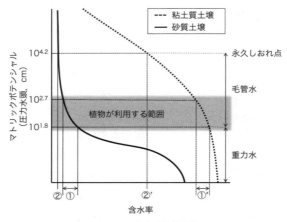

図 5.3　土壌水分特性曲線
土壌のマトリックポテンシャルと土壌の含水率との関係から，その土壌の水分保持特性を示すことができる．含水率が等しい状態でも，水分を保持する孔隙が大きい砂質土壌と孔隙が小さい粘土質土壌では土壌から水分を引き出すのに必要な力（マトリックポテンシャル）が異なる．このため植物が利用可能な水が存在する土壌含水率の範囲（①，①'）および永久しおれ点の含水率（②，②'）は，水をより強く保持する粘土質土壌で高くなる．

ポテンシャルが$-10^{3.8}$ cm（pF 3.8 = 約 -600 kPa）より低くなると植物は水を吸収するのが難しくなってしおれ始め，$-10^{4.2}$ cm（pF 4.2 = 約 -1500 kPa）を下回るとしおれから回復できなくなる．このときの土壌の水ポテンシャルを**永久しおれ点**という．

　同じ量の降水が浸透した場合でも，土壌の**粒径組成**によって，植物にとっての水の利用しやすさは大きく異なる．土壌含水率が同じでも，土壌孔隙のサイズ分布によって重力水と毛管水の割合が異なり，水ポテンシャルが異なるためである．図5.3に示すように，粘土質土壌では同じ含水率をもつ砂質の土壌に比べて土壌から水分を引き出すときに必要となる力が大きいため，吸水に必要な水ポテンシャルが低い．よって粘土質土壌では，圧力水頭で$-10^{1.5} \sim -10^{2.7}$ cm の範囲にある植物が吸収できる水が存在するために必要な土壌含水率は，砂質土壌よりも高くなる．

d. 土壌から植物への水の移動

　土壌中の養分は，養分が溶解した水自体が移動していくマスフローもしくは水中の養分濃度の勾配によって生じる拡散で移動し，根の表面に届く．植物は土壌中の水に溶けた養分を根の表面から吸収する．さらに植物体内での養分の移動も

水に溶けた状態で起こる．つまり，水は植物にとって溶媒として養分を運搬するという欠かせない役割を果たし，さらに水自体も光合成に必要とされる．これらの重要な役割をもつ水を，植物は基本的に根から吸収している．

植物は生育場所の土壌が乾燥していると水不足を回避するため根を増やす．植物が水不足に対応して根の分布を変化させ，地下水を利用する場合もある．乾燥地の植物には，十数 m から時には数十 m にもなる非常に深い根を発達させるものもある（Fan et al., 2017）．乾季と雨季がある地域において，調査された種のうち84.2％が乾季には地下水を利用しており，植物に吸収された水のうち平均49％が地下水であったと推定されている（Barbeta and Peñuelas, 2017）．さらに，雨季あるいは通年で降水がある場所でも，調査された種の64.1％が地下水を利用しており，地下水が植物の吸収した水に占める比率は28％にのぼるとされ，植物は乾燥地や乾燥する季節だけでなく恒常的に地下水を利用している可能性が示されている．深い場所にある地下水を植物が利用することは，地下に存在していた地下水を地上に運び出して大気へと蒸散させるという形で水循環に影響を与え，根の分布が増加することで母岩の風化を促進するなど，生態系全体あるいはさらに大きなスケールで環境に影響を及ぼしうる．

e. 植物体内の水の移動

根から吸収された水は，植物の体内を通って葉に届き，葉から大気へと蒸散していく．このとき，水は液体の形で**土壌-植物-大気連続体**（soil-plant-atmosphere continuum, **SPAC**）中を移動している．根が土壌から水を吸収する際の駆動力は，葉で起こる蒸散によって生じた水ポテンシャルの勾配である．葉の外側の飽和していない大気の水ポテンシャルは葉の内側の飽和した空気の水ポテンシャルより低いため，気孔が開くと葉から水が失われ，蒸散が生じる．蒸散が生じた結果，葉の水ポテンシャルは根の水ポテンシャルよりも低くなり，葉と根の間に生じた水ポテンシャルの勾配によって，水は根から葉へ道管あるいは仮道管を通って移動する．そして，根の内側では水ポテンシャルが外側の土壌よりも低くなっていることによって水は吸収される．つまり，植物が能動的に代謝エネルギーを使って水を集め，吸収するのではなく，植物にとって水の吸収と運搬は受動的な過程である．

SPAC が形成されるのは水の凝集力（ぎょうしゅうりょく）（水素結合によって水分子同士が引き合う力）によるもので，土壌から十分に水を得られない状態で葉からの蒸散が盛んに起こると，道管や仮道管内の水にかかる張力が凝集力を上回り気泡が発生す

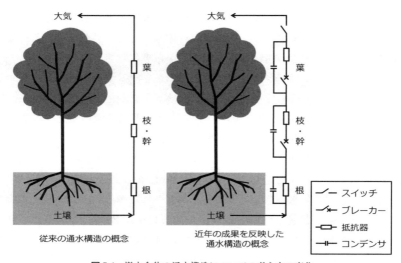

図 5.4　樹木全体の通水構造についての考え方の変化
従来，水が土壌から高木の根に吸収され，幹や枝を通って葉まで運搬され，葉から蒸散する過程を電気回路にたとえて，抵抗が連なったものであると考えられてきた（左図：寺島，2013 を改変）．近年の研究の成果から抵抗だけでなく，スイッチ（気孔の開閉），コンデンサ（貯水機能），ブレーカー（エンボリズム）など様々な機能が備わっていることが明らかになってきた（右図：石井他，2017 を改変）．

る（**キャビテーション**）．そして，道管や仮道管に空気が充満した状態（**エンボリズム，木部閉塞**）に至り，水が輸送されなくなる．樹高の高い樹木では，根から梢端部までの距離が長くなり，重力の影響も大きくなるため，水の輸送が困難になり，葉は水不足によって光合成が低下した状態（**水ストレス**）になる（3.2.1 項 b 参照）．樹高が数十 m から 100 m を超えるような超高木の梢端部には強い水ストレスがかかるが，樹木は様々なかたちで水ストレスに対応する（石井他，2017）．その 1 つとして，葉などの比較的再生が容易な器官はエンボリズムが発生することによって通水経路から切り離され，幹などの重要な部分へのダメージを低減するという説がある．また，幹の辺材部や葉には水が貯留されており，この貯留水はエンボリズムの発生の回避や，光合成のような生理機能の維持に役立っているとされる．従来，植物の通水構造を電気回路にたとえて，根，幹，枝，葉のそれぞれにおける通水の抵抗が連なったものであると考えられてきた．しかし実際には抵抗だけでなく，通水機能が失われた場所を切り離すブレーカーや水を貯留するコンデンサ，通水の開始，停止を司るスイッチなどをもつ複雑な経路

であることが明らかにされつつある（図 5.4）.

5.1.4　森林生態系から出ていく水の行方

　森林生態系からの水の支出は，大気へと出ていく**蒸発散**と下流への**流出**に大きく分けられる．そして，この水の支出の量は，降水として生態系に加入した量と系内に保持される量の変化をあわせたものに等しくなる．降雨時に増水した森林河川水のうち，地下水が占める割合は 60〜80％とされ（田中，2018），降った直後の降水は直接流出せず，いったん土壌に浸透して地下水となり，時間をおいてから流出する．多量の雨が降った場合，降水が土壌に浸透しきれずに地表を流れる**ホートン型地表流**が発生すると考えられてきたが，土壌が発達した日本の森林では，このような状況はまれである．

　蒸発散量を測定，推定するにはいくつかの方法がある．ここでは森林生態系スケールの蒸発散量測定によく用いられる水収支法と渦相関法について概略を説明する．

　水収支法は，ある系における蒸発散量を水の収入と支出および系内の貯留量の変化から計算する方法である．**集水域**（川などを流れる水のもととなる雨の降下範囲，流域）を 1 つの単位として考えると，年平均では降水量と地表流出量の差分が蒸発散量であると考えることができる．ただし，流域水収支法では 1 年単位などある程度以上の時間スケールでしか蒸発散量を計算できず，短い時間での経時変化を明らかにすることはできない．熱帯雨林と温帯林において，降水量が多ければ流出量も多く，年間降水量と年間流出量の間にはほぼ傾きが 1 の直線的比例関係がみられた（Ohte and Tokuchi, 2011）．一方で，蒸発散量は，熱帯雨林では年間 1500 mm 程度なのに対して温帯林では年間 710 mm 程度と，気候帯による差はみられたが，同一気候帯の中では降水量との関係は認められなかった．

　渦相関法は，観測タワーなどに気象測器を設置して林冠上で風速の鉛直成分と湿度の変動量を 0.1 秒程度の間隔で測定し，蒸発散量を求める方法である（斎藤，2009）．水だけでなく二酸化炭素などほかの物質の移動量の測定にも用いられる．短い時間スケールでの蒸発散量を求められるという長所があるが，周辺の地形や植生の状態が空間的に不均一な場合，測定を行った 1 地点の値を森林全体の蒸発散量の代表値とできるかどうかについては注意が必要である．ヒノキ林における蒸発散量は，渦相関法で得られた値に対してエネルギー収支に基づく補正を行うと水収支法とよく一致した（Kosugi and Katsuyama, 2007）．

5.1.5 森林生態系の水循環と人間の社会

　森林は水の流出量や水質に影響を及ぼし，洪水時の流量低減，渇水の緩和，水質の調整など，**水源涵養**（かんよう）の機能が期待されている（6.1.1 項 c 参照）．ただし，この水源涵養機能についての社会的イメージあるいは期待は，研究例が示す森林の機能や影響とは乖離（かいり）があるようである．たとえば，水の供給量だけに着目すると，森林の伐採によって年間流出量が増えた，つまり森林があると流出量が減る，少なくなる，という報告例が多くある（太田，1996）．森林において流出量が少なくなる例は渇水時にもみられ，草原や低木林に高木を植林したことによる流出量の変化を調査した例では，渇水時において流出量が大きく減ったことが報告されている（Farley et al., 2005）．これは，樹木が土壌中の水を吸収し蒸散することで，土壌表面からの蒸発のみの場合よりも多くの水が消費されるためである．洪水時の流量低減についても，森林の効果は大きくばらつき，森林伐採によって洪水時の流出量が減少した例さえある（Andréassian, 2004）．

　近年頻発する土砂災害や渇水などの際に，森林のタイプや管理の状態に原因を求める言説がみられるが，多くの場合，単純化，一般化は困難であろう．影響しうる森林の状態に関する要因は，樹種（種構成），樹齢，樹木のサイズ，樹木の密度，林床植生，流域面積，傾斜，土壌深度など多岐にわたる．森林の水源涵養機能については社会的イメージと実際のデータとの齟齬に加え，研究者間で意見が分かれる点もあり，効果や影響を定量的に試算するためにはさらなる研究が必要である（谷，2011；小松他，2012）．

　水はすべての生物が必要とする物質であり，降水量は生態系の植生や生産性を規定する主要な要因の1つである．一方で，人間社会もまた，生活用水に加え，農林水産業，工業生産などのために多量の水を必要としている．水資源は，川や湖，地下水などに存在する液体の水である**ブルーウォーター**（blue water）と植生および蒸散と土壌や水面から蒸発した水である**グリーンウォーター**（green water）に分類される．水資源の利用についての考え方は，かつてはブルーウォーターの配分や管理のみを対象としていたが，この数十年の間にグリーンウォーターも考慮に入れ，自然の生態系と人間社会の相互作用を包含した統合的な土地管理，水資源管理に変化してきた（Rockström et al., 2014）．多くの場合，政府機関において水と農業は異なる部門により管理されているが，水，農業，そして環境を合わせて統合的に管理する必要性が世界的にますます増大していくであろう．

　2015年の国連サミットで採択された持続可能な開発目標（Sustainable Development Goals, SDGs）の1つに，Goal 6「すべての人々の水と衛生の利用可能性と持続可能な管理を確保する」が掲げられている．上にあげた森林の水源涵養機能に関しても，グリーンウォーターに依存した乾燥地の農業に関しても，共通していえることは，科学的知見に基づいた包括的な水資源管理の方法が求められているということである．水と森の関係は，古代から中世にかけて空想的，感情的に捉えられていたが，19世紀に入って科学的な測定に基づいた議論が行われるようになり，さらにその議論が政治的決定に影響を及ぼしてきた（Andréassian, 2004）．現場での測定方法そして得られたデータの分析方法のいずれもが劇的に進歩した現在，科学には，定量的なデータに基づいて水資源および水源の管理に寄与することが求められている． ［小山里奈］

発展課題
(1) 森林や公園，畑地などでいくつかの種類の土壌を採取し，ろ紙を敷いた漏斗に入れ（なければ小型の植木鉢など底に穴のある容器の底にペーパータオルなどを敷いたものでもよい），上からゆっくりと水を注いで漏斗，植木鉢の底から水がしみ出てくるまでに注いだ水の量を比較しなさい．
(2) 落葉広葉樹，常緑広葉樹，針葉樹など異なるタイプの樹木から 10～20 cm 程度の長さの枝を採取し，放置して一定時間ごとに写真撮影し，しおれる様子を観察，比較しなさい．
(3) 自分の地域の水源林について調べ，森林がどのように管理されているかについて十分な情報が提供されているか，ほかの自治体などと比較しなさい．
(4) 日本の中央官庁が発行する白書には，水循環白書，環境白書，林業白書など水資源や水循環を扱うものが複数ある．これらの白書における水資源と森林との関係の扱いを比較し，発行官庁の任務と対応させて考察しなさい．

5.2 窒 素 循 環

　窒素はすべての生物の生育に不可欠な元素である．地球上には窒素ガスとして大量に存在するが，植物はこれを直接吸収し，利用することができない．現在，生態系内に存在する窒素は，長い生物史のなかで物理環境から少しずつ取り込まれたものであり，生物はこれを生態系内でリサイクルして利用している．このため多くの森林において，窒素の循環は生態系の生産性の制限要因となっている．

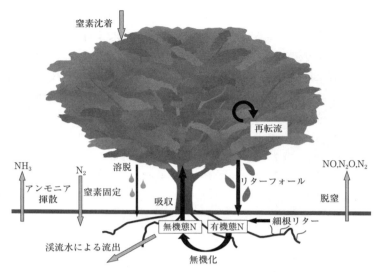

図 5.5 森林生態系における窒素循環の模式図
黒の矢印は内部循環を，灰色の矢印は外部循環を表す．

森林生態系の窒素循環には，土壌と植物との間の**内部循環**と森林生態系と生態系外部との間の**外部循環**がある（図 5.5，5.4 節参照）．森林生態系では内部循環のほうが，大気や河川などとの間の外部循環に比べて，圧倒的に量が多い（堤，1989）．

5.2.1 内部循環

a. 植物による吸収

植物は根から土壌中の窒素を吸収し，同化器官である葉を生産し光合成を行い，幹，枝，根などの支持器官，花や果実などの繁殖器官，細根などの吸収器官を生産する．樹木が吸収した窒素の多くは葉や細根など生理活性の高い器官に多く配分され，幹や枝などにはあまり含まれない（堤，1989）．

植物は，水や養分を吸収するために細根を生産し，さらに**菌根菌**（mycorrhizal fungi）と共生し**菌根**（mycorrhiza）を形成して，窒素などの養分物質や水を土壌から吸収する．菌根菌は植物と共生し，炭水化物を得る代わりに，土壌から養分物質や水を吸収し植物に受け渡す．菌根は，菌糸が根の表面や表皮，皮層細胞の間隙にある**外生菌根**（ectomycorrhiza）と細胞内に侵入する**内生菌根**（endomycorrhiza）に大別される．後者には様々な形態がある．**アーバスキュラ菌根**

(arbuscular mycorryhiza, **AM**) は，根の皮層細胞の細胞壁と細胞膜の間に樹枝状体（arbuscule）という栄養授受器官を形成し，細胞間隙に嚢状体（vesicle）という貯蔵器官を形成するものもみられる．ツツジ目に共生する**エリコイド菌根**（ericoid mycorryhiza）は，細根の皮層細胞の中に菌糸を形成する．

b. リターフォールによる土壌への供給

植物体はやがて枯死し，落葉や落枝などの地上部植物リターは，有機態窒素として林床の土壌に供給される．この際，葉などの生きた器官に含まれる窒素の多くは，樹体に引き戻されて再利用される（**再転流**，3.2節参照）．

細根の枯死に伴う地下部植物リターの土壌への供給も内部循環の重要な循環経路である．細根の生産量が純一次生産の半分を占める森林もあり，窒素循環に与える重要性が指摘されているが（Hobbie, 2015），地上部と比べ，細根の生産や再転流，分解などの研究は，観測が難しいため遅れている．

c. 葉からの溶脱

植物体から土壌への窒素の循環経路は，リターフォールだけでなく，林内雨とともに植物体から土壌に供給される**溶脱**もある（図5.5）．葉からの溶脱量は，カリウムでは1年を通して大きい傾向があるが，窒素を含めそのほかの養分物質の溶脱量は，再転流が起こる落葉期に少し増加するものの，内部循環に占める割合は小さい．後述の窒素沈着（5.2.2項b参照）との区別が難しいため，野外で溶脱量を正確に測定した研究例はほとんどない．

d. 土壌での窒素動態

土壌に供給されたリターに含まれる窒素は**有機態窒素**であり，植物はこれを直接吸収し，利用することができない．窒素が水とともに植物に吸収されるためには，微生物や土壌動物のはたらきにより分解され（4.2節参照），最終的に**無機化**（mineralization）され，**無機態窒素**である**アンモニウム態窒素**（NH_4^+-N）と**硝酸態窒素**（NO_3^--N）に変換される必要がある（図5.6）．一方で，無機態窒素は，植物に吸

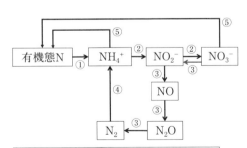

図5.6 土壌中の窒素の形態変化とそれにかかわる微生物

収されるだけでなく，土壌中の微生物にも利用される．微生物の働きによって無機態窒素が菌体や有機物に取り込まれる過程を**有機化**あるいは**不動化**（immobilization）と呼ぶ．

土壌の窒素無機化は，従属栄養生物が担っている．有機態窒素は最終的には低分子なアミノ酸態窒素や尿素を経て，アンモニウム態窒素へと変換される（ammonification）．さらに，化学合成独立栄養生物であるアンモニア酸化菌と亜硝酸酸化菌のはたらきによって，アンモニア酸化と亜硝酸酸化の2つのステップを経て**硝化**（nitrification）され，硝酸態窒素となる．森林土壌では，アンモニア酸化が硝化プロセスの律速となることが多く，亜硝酸態窒素（NO_2^-）は不足しているため，速やかに硝酸態窒素へと変換される．

5.2.2 外部循環

窒素の外部循環は主に気体や液体に溶存した状態で大気や河川と森林生態系との間で起こるが，土壌有機物として直接流下する場合には固体で流出することもある．山火事などにより有機物が燃焼することで大気中に気体として放出される経路もある．

a. 窒素固定

自然環境下で大気から固定される窒素は，人為的に固定される窒素より少ないが，人為活動が活発になる以前は重要な外部循環経路であった（図5.7）．窒素固定には，雷による非生物的な窒素固定もあるが，**窒素固定細菌**（nitrogen-fixing bacteria）による**生物的窒素固定**が自然界における主要なプロセスである．

生物的窒素固定には，植物と共生する窒素固定細菌による**共生窒素固定**と，植物と共生せず土壌に存在する非共生の窒素固定細菌による**非共生窒素固定**が存在する．窒素固定細菌は，大気中の窒素ガスをアンモニウムに変換するニトロゲナーゼ活性をもつ細菌群で，マメ科植物と共生するリゾビウム属（*Rhizobium*）やハンノキ属，ヤマモモ属，グミ属などの一部の非マメ科の植物と共生するフランキア属（*Frankia*），非共生のアゾトバクター（*Azotobacter*），クロストリジウム（*Clostridium*），光合成細菌やシアノバクテリア（Cyanobacteria）などが含まれる．

マメ科などの**窒素固定植物**は，根に根粒を形成し，その中の窒素固定細菌と共生する．窒素固定細菌は，根粒内で宿主である植物から炭水化物を得る一方で，空気中の窒素ガスをアンモニウムに変換し，養分として植物に受け渡す．窒素固定植物は，窒素量が極めて少ない土壌でも，共生微生物のはたらきで窒素を獲得

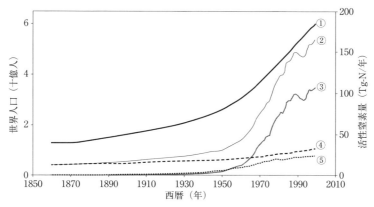

図 5.7 1860〜2000年の世界人口の変化と活性窒素の放出量（Galloway *et al.*, 2003を改変）
①世界人口，②活性窒素総量，③ハーバー・ボッシュ法（肥料以外を含む），④生物窒素固定，⑤化石燃料の燃焼．

することができるため，土壌が未発達な遷移初期段階に定着する植物として知られるものが多い．また農業でマメ科作物を生産する，休耕田に緑肥植物としてマメ科植物を植える，裸地の緑化にハンノキ属のヤシャブシなどを**肥料木**として植えるなど，人為的な生物窒素固定も増加している（図5.7）．一方で，窒素固定による窒素同化よりもアンモニウム態窒素からの窒素同化のほうが，必要な炭素量（代謝エネルギー）が少なくて済むため，植物は直接土壌からアンモニウム態窒素を吸収するほうが有利であり，窒素が豊富な環境では共生窒素固定は起こりにくい．

非共生窒素固定については，古くは報告例も少なく，また量も多くないと考えられてきたが，生態系への窒素蓄積における非共生窒素固定の役割が過小評価されてきた可能性がある．

b. 窒素沈着

大気中の降水や粉じんなどにより生態系にもたらされる窒素を**窒素沈着**（nitrogen deposition）と呼ぶ．化学合成肥料の使用や化石燃料の燃焼にともない窒素化合物が人為的に大量に大気中に放出され，大気沈着として生態系にもたらされている．人間活動が盛んになる以前にも，窒素沈着は自然界で存在したが，化学合成肥料の使用や化石燃料の燃焼によって自然界にもたらされる量と比べてはるかに少なかった（図5.7）．

c. 脱窒

脱窒（denitrification）は，土壌中の硝酸態窒素が還元され最終的に窒素ガスとして放出する一連の反応を示すが，中間生成物として亜酸化窒素ガス（N_2O）が放出される（図5.6）．脱窒を行う**脱窒菌**（denitrifier）は，細菌のかなり広範なグループに含まれ，一部脱窒を行う真菌もみつかっている．脱窒菌の活性は，湿地や水系の堆積物中などの有機物が多く，酸素の少ない還元的な場所で高く，渓畔林や湿地林などでは脱窒が起こりやすい．近年，脱窒菌は地下水によって飽和していない普通の森林土壌中にもたくさん存在し，盛んに脱窒を行っている可能性が指摘されている（Fang et al., 2015）．

d. アンモニア揮散

アンモニア揮散（ammonia volatilization）はアルカリ土壌で発生し，乾燥地や大量に肥料を投入する畑地では，外部循環の重要な循環経路である．一方で，酸性であることが多い森林土壌では，アンモニア揮散による放出は少ないと考えられているが，定量化した研究はほとんどない．

5.2.3 窒素循環にかかわる生物的な要因

a. 植物

窒素資源が少ない貧栄養な環境では，樹木は窒素濃度が低い葉を生産したり，落葉前に樹体に引き戻す窒素の量を増やすことで，**窒素利用効率**（nitrogen use efficiency，**NUE**，吸収した単位窒素あたりの有機物生産量）を高める（Vitousek, 1982）．一般的に，針葉樹のほうが広葉樹よりも，常緑樹のほうが落葉樹よりも葉の窒素濃度が低い．さらに窒素固定を行う樹種の葉の窒素濃度は，ほかの樹種よりも高い．

樹木は，貧栄養な環境において窒素利用効率を高める．そのため貧栄養な環境では，窒素濃度が低く，分解しにくい植物リターが土壌に供給され，分解や無機化過程が遅くなる．これが窒素循環の制限要因となり，可給態窒素量が減少し，さらなる貧栄養化を引き起こす（4.2節参照）．このような植物–土壌間の正のフィードバックについては，上述のような地上部植物リターの質と土壌の肥沃度との関係だけでなく，細根リターへの物質配分を介した地下部のフィードバックの重要性も指摘されている（Hobbie, 2015；Tateno and Takeda, 2010；稲垣・舘野，2016）．樹木は貧栄養な環境で細根を多く生産するが，大量の細根リターが供給され有機物の分解能力が追いつかない場合，蓄積した有機物に窒素が取り

込まれ，可給態窒素量が減少し，さらなる貧栄養化を引き起こす可能性が指摘されているが，細根リターを介したフィードバックについては未だ不明な点が多い．

b. 微生物

窒素循環における窒素形態の変化には，過程ごとに異なる微生物がかかわる（図5.6）．土壌微生物の研究は，土壌の懸濁液を培地に移し，微生物を培養して顕微鏡下で形態観察するという手法で古くから行われてきた．近年，DNA を用いた分子生物学的な手法により，これまで知られていなかった難培養な微生物が数多く存在することが明らかとなりつつある（磯部・大手，2014；柴田，2018）．たとえば，**アンモニア酸化細菌**や**亜硝酸酸化細菌**の存在は古くから確認されており，アンモニア酸化や亜硝酸酸化はこれらの細菌類が担うものと考えられてきた．しかし，近年，**アンモニア酸化古細菌**の重要性が指摘されている．アンモニア酸化古細菌は，酸性条件下でも増殖できることから，酸性土壌ではその重要性が高いのではないかと考えられている（磯部・大手，2014；柴田，2018）．また**脱窒菌**も，従来考えられてきたよりも多様で，森林土壌にたくさん存在することがわかってきた（磯部・大手，2014；柴田，2018）．さらに菌根菌についても，外生菌根菌とアーバスキュラ菌根菌では分解速度や窒素獲得能力が大きく異なる結果，土壌中の炭素蓄積量や窒素循環の違いを生み出すことが指摘されており，生態系機能との関連が注目されている（Averill *et al.*, 2014）．微生物は，これまでその役割が十分にわからなかったため，窒素循環におけるブラックボックスとして扱われてきたが，生態系の窒素循環の全容を解明するためには，土壌中の微生物の動態や機能を明らかにする必要がある．

c. 動物

植物が生産した有機物の一部は，動物によって消費される．動物の排泄物や遺体もリターであるが，通常の森林生態系では，純一次生産量の数%程度と少ない（3.1 節参照）．また動物は移動によりほかの生態系へ窒素を持ち出したり，ほかの生態系から窒素を持ち込んだりすることで窒素循環に影響を及ぼすこともある（亀田，2001）．たとえば，魚などを餌にする鳥が森林に営巣することにより，糞や自身の遺体として海洋から森林生態系に窒素を持ち込む事例や，遡上したサケが産卵を終え，その死骸が直接あるいは動物たちに消費されて間接的に渓畔林の窒素源になる事例などが報告されている（亀田，2001）．従来の窒素循環の研究では，動物を介した窒素の移動量はほとんど考慮されてこなかったが，ほかの生態系とのつながりを考える際には重要な循環経路である．

表5.1 森林生態系におけるリターフォールによる土壌への窒素供給量（堤, 1989, p.99を改変）

	リターフォール量 (t/ha/年)	窒素循環量 (kgN/ha/年)
亜寒帯・亜高山帯常緑針葉樹林（4）	4.23 ± 0.97	29.93 ± 16.43
温帯常緑針葉樹林（41）	4.57 ± 1.42	33.21 ± 12.61
温帯落葉広葉樹林（40）	4.07 ± 1.00	44.92 ± 17.09
照葉樹林（13）	6.51 ± 0.81	72.75 ± 8.57
熱帯林（32）	9.87 ± 2.36	144.00 ± 38.41

（　）は林分数．

5.2.4　窒素循環にかかわる非生物的な要因

a．気　候

気候帯に沿った窒素の内部循環量は，純一次生産量と同様に熱帯から亜寒帯にかけて減少する（表5.1）．分解や無機化などにかかわる微生物の活性も温度が低下すると低くなるため，熱帯林では分解が早く，窒素が物質生産の制限となりにくいが，分解が遅い北方林では制限要因となる．森林生態系内の窒素は，熱帯林では主に樹体に，温帯林では鉱物質土壌に，北方林では有機物層に蓄積する（堤，1989；武田，1997）．降水量の違いによる乾湿度も窒素循環に影響を及ぼす．乾燥は，植物の生産量を制限することに加え，微生物が担う分解・無機化速度にも負の影響を及ぼすため，乾燥した森林ほど窒素循環量が少ない．

b．地　形

同一気候帯内の同一地域の森林でも，斜面位置や斜面方位，微地形などによって窒素循環は変化する（堤，1989；Tateno and Takeda, 2010；稲垣・舘野，2016；武田，1997）．尾根や谷といった地形による養分物質の勾配は，優占する植物種の違いを生み出す（1.1節参照）．さらに植物の生産や養分利用（第3章参照），有機物の堆積様式や土壌動物や微生物の組成（第4章参照）などの違いを介して，地形は窒素循環に多大な影響を及ぼし，さらには，長期的な土壌の生成プロセスにも影響を及ぼす．

5.2.5　人間活動と窒素循環

a．森林管理と窒素循環

森林の伐採は，窒素循環に大きな影響を及ぼす（柴田，2018；Bormann and Likens, 1979）．発達した森林では，生態系内に流入する窒素の量よりも系外へと流出する量のほうが少なく，長期的には生態系内部に窒素が蓄積する傾向にある．

5.2 窒素循環

しかし，伐採により，樹木による吸収が無くなると，吸収されなくなった窒素が系外に流出する．伐採にともない流出する窒素の主な形態は，土壌に吸着されにくい硝酸態窒素である．伐採後は，植生が回復するにつれて，植物による窒素の吸収量も増加し，系外に流出する窒素は減少する．

森林伐採にともなう窒素循環への影響については，集水域単位で森林を皆伐し，その前後の渓流水質をモニタリングする大規模な野外操作実験により明らかにされてきた（口絵10）．最も古い伐採試験は，1960年代後半に北米のハバードブルック試験林で行われたもので，伐採により渓流水の硝酸態窒素濃度が伐採前の数十倍に上がり，飲料水としての基準をも大きく上回った（Bormann and Likens, 1979）．その後，世界中で様々な伐採試験が行われてきたが，伐採にともない硝酸態窒素濃度は伐採前の数倍から数十倍程度になり，その影響は数年から十数年にわたって続くことが明らかとなった．気候や土壌タイプ，植生，施業方法によって，伐採後の渓流水の硝酸態窒素のピーク濃度，伐採からピークがみられるまでの期間やピークからもとの水準に低下するまでの期間に違いがみられるため，伐採の影響を統一的に予測することは，まだ難しい．

林業は人為攪乱からの二次遷移過程を活用する持続可能なシステムである．土壌に窒素が含まれない状態で植生が発達する一次遷移とは異なり，植栽木は生態系に窒素や有機物が既に蓄積した状態で生育する．しかし，林木の収穫は，窒素循環の観点からみると，生態系外への窒素の流出を意味する．材に含まれる窒素は一般に少ないとはいえ，材の持ち出しそのものによる窒素流出に加え，伐採にともない渓流水へと硝酸態窒素が流出するため，林地の窒素蓄積量が減少し，その後の林地の窒素循環に負の影響を与える可能性がある．古くからの林業地で二代目，三代目の造林地では林木の成長が悪くなることもあるが，科学的なデータは乏しい．

近年，枝や細い幹などの未利用材を木質バイオマスとして活用する動きがある．林業機械の先進化により，未利用材などの有機物を根こそぎ持ち出すことが技術的にも可能になってきている．しかし，木質バイオマス利用や経営的な効率だけを考えるのではなく，有機物の除去が森林の物質循環や土壌の肥沃度などの生態系機能や下流域の河川などほかの生態系に及ぼす影響についても，今後は多面的に考えていく必要があるだろう．

里山管理も窒素循環と密接に関連する（磯部・大手，2014）．里山管理を窒素循環の観点からみると，薪炭利用のための伐採や肥料，燃料のための落葉落枝の

採取は，生態系外への窒素の流出である．よく手入れの行き届いた里山は，土壌への有機態窒素の移入を長期間にわたり継続的に排除し続けた極めて貧栄養な生態系である．しかし，燃料革命や化学肥料の導入により伝統的な里山の利用が無くなり，さらに化石燃料の燃焼に由来する窒素降下物が増加したことにより，急速に土壌や樹体に窒素が蓄積した富栄養な生態系へと変化してきたのが，近年の里山である．里山というとマツタケ山を思い浮かべることもあるが，マツタケはマツに共生する外生菌根菌である．外生菌根菌は貧栄養な環境下では樹木に共生することで腐生菌よりも有利になるが，富栄養な環境だと腐生菌に負けてしまう．放棄里山でマツタケがとれにくくなっているのは，森林における窒素の内部循環や外部循環の変化，植物–微生物の共生関係などの様々な要因が関係している．

b. 窒素飽和

1913年，ドイツのハーバー（F. Haber）とボッシュ（C. Bosch）は，水素と窒素から工業的にアンモニアをつくることに成功した（**ハーバー・ボッシュ法**）．化学肥料の登場により食料生産が飛躍的に増大し，世界人口の増加に貢献したことで知られるが，その結果，放出される**活性窒素**（反応性窒素，reactive nitrogen）の量は全球的に増加した（図5.7）．

化学肥料は農地に投下されるが，一部は大気中に移動し，大気沈着として森林生態系にもたらされる．さらに農地や森林から渓流水として流出した窒素は，河川や湖沼，海の生態系の富栄養化を引き起こす．このような窒素の生態系間の流れを**窒素カスケード**と呼ぶ（Galloway *et al.*, 2003）．人為的に大量に自然界にもたらされた窒素は，**活性窒素**として窒素カスケードの様々な場所で，地球規模での問題を引き起こしている．

窒素飽和（nitrogen saturation）は，森林生態系の富栄養化の問題として注目されてきた（Aber *et al.*, 1989）．窒素飽和の最初の段階では，窒素沈着は窒素制限によって生産性が低下した森林に対する一種の施肥効果としてはたらくため生産量が増加し，生態系の内部や外部に悪影響はみられない．さらに窒素沈着が増加すると，土壌の溶存態窒素の量が増加し，硝化活性の上昇，硝酸イオンの流出，一酸化二窒素の発生，細根量の減少などの悪影響が顕在化し始める．さらに窒素過多になると，森林生態系への流入よりも系外へ流出する窒素が多くなる．硝酸イオンなどのアニオン（陰イオン）が系外へ流出する際には，カルシウムイオンなどの塩基性カチオン（陽イオン）も一緒に流出する（柴田，2018；Bormann and Likens, 1979；Aber *et al.*, 1989）ため，土壌の酸性化が急激に進む．さらに，

アルミニウムイオンの溶出が起こり，根の生育が阻害され，樹木枯死が進行する（5.3節参照）．その結果，樹木による窒素吸収量が減少し，流入と流出のバランスがさらに悪化し，生態系が崩壊する．日本の森林土壌は窒素飽和に対して高い緩衝力をもつため，一部の地域を除いて窒素飽和は顕在化していないが，北東アメリカやヨーロッパでは樹木の枯死などが深刻な問題となっている．

c. 私たちにできること

活性窒素は，人間による資源消費によって環境中に排出される．**窒素フットプリント**（nitrogen footprint）とは，個人や地域，国などのスケールでの食糧生産や消費，エネルギー消費，輸送などの活動を通じて排出される活性窒素の環境への負荷（**窒素負荷**）を定量的に表す新しい指標である（Leach *et al*., 2013；種田他，2017）．たとえば作物生産には窒素肥料が必要だが，農地に散布された窒素の約半分は作物に吸収されずに活性窒素として系外へ流出する．また肉の生産には，飼料に必要な窒素肥料に加え，畜舎を維持するための燃料に含まれる窒素の負荷がともなう．一般に経済優先で集約的な農業生産は粗放的な農業に比べて生産量は増えるが，同時に窒素負荷も大きくなる．国レベルでみると，自国では窒素負荷を引き起こしていなくても，生産物を輸入し消費する過程で，その製品に含まれる窒素だけでなく，その生産に必要な窒素を輸入元の自然環境に放出していることになる．消費者1人あたりの窒素負荷の指標は国の産業構造や食習慣によって大きく異なるが，自分たちの生活を見つめ直し，ライフスタイルの転換を図ることで窒素フットプリントを減らすことができれば，環境への窒素負荷を低減することができる（Leach *et al*., 2013；種田他，2017）． ［舘野隆之輔］

発展課題
(1) 森林生態系における窒素循環と炭素循環，水循環を比較し，共通点と相違点について論じなさい．
(2) 人工林，里山，放棄里山，自然林，原生的な自然林など異なる森林生態系を窒素循環の観点から比較し，地球レベルで進行する窒素飽和下での森林管理について，あなたが考えることを説明しなさい．
(3) 日本でマツタケが取れなくなった理由について，里山における窒素循環の変化以外の原因について調べなさい．

5.3 様々な元素の動態と循環―物質循環のケーススタディ―

本節では,森林生態系内外において元素がどのように循環しているかについて,いくつかの元素を取り上げながら紹介していく.とくに,植物にとって必須なもの,生態系内で重要な役割を果たすもの,生物と非生物を多く行き交うもの,などについて焦点を当てながら,元素ごとに解説する.

5.3.1 リン

リン(P)は,植物体内で核酸(DNA,RNA)やリン脂質,ATPに含まれており,植物に多量に必須な養分の1つである.そのほかにも,植物体内でリンは**フィチン酸**などのリン酸エステルの有機物質に含まれるほか,酸素と結びついた**無機態リン酸**(主にオルトリン酸 PO_4^{3-})などとして存在する.また,植物にリンを供給する側の土壌には,**イノシトールリン酸**が主要な有機態リンとして存在するほか,無機態リン酸が主要なリン形態として土壌鉱物表面や鉱物内などに存在している.

リンは主に大気や一次鉱物から森林生態系の循環系へもたらされる(図5.8).リンは大気中ではガス態としてはあまり存在しないが,ダストや海塩性物質中に存在し,これらが大気を介して生態系へ流入する.また土壌中では主にリンを含有するアパタイト(燐灰石)などの**一次鉱物の風化**によって無機態のリンが溶脱

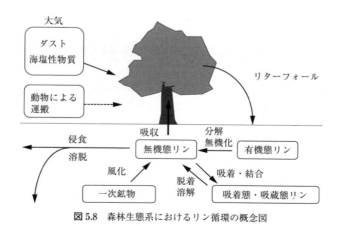

図5.8 森林生態系におけるリン循環の概念図

し生態系の循環系へ導入される．土壌中の鉱物風化の主体は，土壌中で植物根や微生物により供給されて土壌液中に溶け込んだ炭酸や有機酸による化学的溶解反応である．森林生態系では，しばしば動物により系外からリンが持ち込まれる経路も存在し，これが生態系内の物質循環を大きく変化させることがある．鳥やクマなどの大型の動物が河川や湖沼で採餌して森林へ餌を持ち込み，林内で食べて排泄するという一連の行為によって，リンなどの元素が水域生態系から森林生態系に持ち込まれることがある（5.2節参照）．

リンの森林生態系内における循環量は，外部からの流入量および外部への流出量と比較すると非常に大きい．先駆的な物質循環研究が多く行われてきた北米のハバードブルック試験林では，降雨によるリンの流入量および渓流への流出量がそれぞれ年間 0.04 kg/ha および 0.02 kg/ha であるのに対し，リターフォールによる林床土壌へのリン供給量および根から吸収され植物に取り込まれるリン量はそれぞれ 4.53 kg/ha および 5.49 kg/ha であり，100 倍ほどの違いがあった（Yanai, 1992）（図 5.9）．

森林生態系の内部におけるリンの循環では，植物-土壌間の内部循環が卓越する．これには，リンの生物要求度が高いことや，無機態リン酸の土壌中における移動性が低いことなどが関係している．森林生態系では，植物は土壌中の無機態

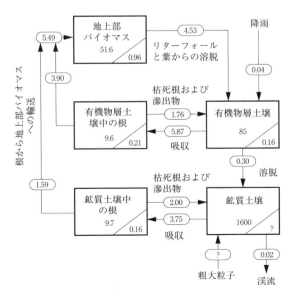

図 5.9 ハバードブルック試験林におけるリンの収支（Yanai, 1992を改変）
四角内の数値はリンの現存量（kg/ha），三角内はリンの年間蓄積量（kg/ha/年），矢印はリンの年間流量（kg/ha/年）を示す．

リンを吸収して植物体の形成などに利用し，やがて脱落や枯死によりリターとして有機態リンを土壌へ供給する．土壌中の有機態リンは，動物や微生物による分解や後述する酵素のはたらきなどにより無機態のリン酸へと変換される（**無機化**）．こうして生成された無機態リンは，再び植物によって土壌から吸収されるほか，土壌鉱物に強く保持される．

<u>土壌中におけるリンの無機化は，窒素の無機化に比べて進みやすいと考えられる</u>．これは，窒素は有機物中で多くの場合炭素に直接結合しており（C–N），無機化の際に炭素骨格の開裂をともなうのに対し，リンは有機物中でエステル結合（C–O–P）により保持されているものが多く，無機化において窒素のような開裂をともなわないためである．有機態リンの無機化においては，ホスファターゼやフィターゼなどの**リン酸エステル分解酵素**を分泌する植物根および微生物（主に菌類および細菌類）のはたらきが大きい．

植物体の分解や鉱物風化によって土壌にもたらされる<u>無機態のリン酸は土壌鉱物に強く保持される</u>．これは，リン酸が土壌中のアルミニウム，鉄，カルシウムなどと強い親和性をもち，これらと結合体を形成するためである．それゆえ，たとえ土壌中の全リン含量が多くても植物が根から吸収できる可給態のリンが多いとは限らず，多くの場合，土壌溶液中のリン酸濃度も低く抑えられる．また，土壌中の可給態リンは，土壌 pH が中性付近のときに比較的多くなる．

カルシウムと結びついたリン酸は比較的溶解しやすく植物に吸収されやすいが，他方アルミニウムや鉄の水酸化物に吸着したリン酸イオンは，**配位子交換反応**によって吸着しているためとくに溶解しにくく（とくに鉄よりもアルミニウムと吸着したもののほうが溶解しにくい）植物に吸収されにくい．これらアルミニウムや鉄と結びついた難溶性のリンの一部は次第に鉱物の内部へと埋め込まれ，生態系土壌中で**吸蔵態リン**として数万年にわたって長期蓄積しうる（Walker and Syers, 1976）（図 5.10）．

このように，リン酸は土壌中で結合・難溶化しやすいが，植物は根から分泌される**有機酸**などの各

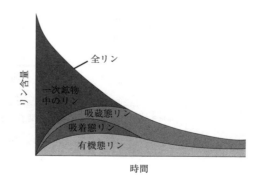

図 5.10　土壌中の様々な形態のリンの含量とその時間的変化（Walker and Syers, 1976 を改変）

種有機化合物によってこれを溶解し，吸収することができる．こうした根からの有機化合物の分泌量はリンの少ない環境ほど多く，植物によっては特異的な有機酸を分泌してリン酸の少ない環境に適応している．

また土壌中には難溶性リンの溶解にはたらく様々な微生物が存在している．多くの植物の根に共生している菌根菌は，有機酸を放出することによって根圏の土壌鉱物からのリンの溶出を促し，植物のリン吸収を助ける役割を果たしている．土壌に生息する硫酸還元菌や硫黄酸化細菌，硝化菌，有機酸生成菌なども同様に，酸を生成する作用を通じて土壌中の難溶性リン酸の可溶化に大きな役割を果たしている．

根や微生物のはたらきにより無機化され植物に吸収されたリンは，植物体内で必要とされる枝葉へ道管を経て輸送され，利用される．リンの植物体内での輸送は，根から枝葉への方向だけとは限らない．一度輸送されたリンが師管を経て，欠乏気味の別の葉へ**再転流**されることもある．とくに古い葉から新しい葉への再転流はリンに限らず多くの養分物質においてみられる．樹木や草本において，シュート先端の葉ほど青々としているのに対し幹や茎に近い葉ほど変色気味なものが多くみられるのは，再転流によって古い葉から新しい葉に養分物質が再配分されるためである．樹木の落葉時にも，リンや窒素が枝や幹，根などに引き戻され，翌年以降まで貯蔵されることがある（5.2節参照）．植物体内での輸送は，多くの必須元素に共通してみられる植物の養分利用効率を高める戦略の1つであり，植物の養分の状態が調整されるとともに土壌環境への依存度が軽減される．養分の引き戻しの強さは立地環境の違いによって異なり，養分環境の悪い立地ほど落葉中のリンや窒素の濃度が低くなる（岩坪，1983）．

森林生態系から渓流へと流出するリンは，比較的粒径の大きい懸濁態（または粒子状）のリンと，メンブレンフィルターなどによりろ過される溶存態のリンとに分けることができ，多くの生態系では前者が主要な形態となる．またリンの流出は降雨などによって河川流量が増加する際に粒子状リンがとくに多くなるが，これには表層土壌の侵食が影響している（早川，2018）．侵食の影響は傾斜地や植生が乏しい裸地化した立地で大きくなりやすい．

5.3.2 硫　　黄

硫黄（S）は，植物体中においてシステインやメチオニンなどの硫黄を含んだアミノ酸（**含硫アミノ酸**）やリポ酸などに含まれ，細胞成分や生化学的反応に必

須な元素である．硫黄の森林生態系への流入経路は，リンと同様に主に大気と土壌鉱物からである．大気からは，火山の噴火や人為的な化石燃料の燃焼に伴って放出された二酸化硫黄（SO_2）などの**硫黄酸化物**（SO_X）や**エアロゾル**などの粒子の形で硫黄が降下，沈着する．大気中の硫酸塩エアロゾルは光を散乱する性質があり，地球表面のアルベド（反射能）を増加し，地球の冷却化の原因ともなりうる．土壌鉱物では，黄鉄鉱（FeS_2）や石膏などに含まれ，これらから風化・溶解を経て森林生態系に硫黄が導入される．

硫黄は無機態では種々の酸化状態になった形態があり，最も酸化された酸化数が+6のもの（SO_4^{2-}）から，最も還元された酸化数が-2のもの（S^{2-}）まで存在する．森林生態系では主に酸素と化合し水中でイオン化した**硫酸イオン**（SO_4^{2-}）として循環する．土壌固相においては硫酸イオンのような陰イオンを吸着保持する部位は，陽イオン吸着部位に比べ非常に少ない．また硫酸イオンは前述のリン酸のような配位子交換がほとんどみられない．そのため，硫酸イオンの土壌固相への吸着は，陽イオンやリン酸に比べると限られている．

植物は土壌溶液中に溶存した硫酸イオンを吸収し，アミノ酸などの含硫有機物の合成を行う．植物体中の**含硫有機物**はやがてリターフォールにより土壌へ供給され，土壌中で微生物の分解（無機化）を受ける．このとき，好気的条件下では主に硫酸イオンが，酸素の少ない嫌気的条件下では硫酸還元菌により還元された**硫化水素**（H_2S）が主に代謝・生成される．硫化水素は異臭をともなう毒性の強いガスで，火山性ガスなどに多く含まれるが，森林において高濃度で発生することは少ない．森林生態系からの硫黄の主要な流出形態は硫酸イオンであり，土壌溶液から渓流水を経て森林生態系から河川や海へ供給される．

硫黄の地球規模の循環には，人為的改変の影響が色濃く現れる．石炭や石油が燃焼されると，含まれていた硫黄が酸化されてSO_2が大気に放出される．人為的な化石燃料の消費増大にともなって，産業革命以降，大量に放出されたSO_2（図5.11）が大気中に増加し，これが大気中で光化学反応などを経て硫酸となって降水に溶け込み，"酸性雨"の原因となった．酸性雨による森林への影響は，ヨーロッパでの森林衰退などをはじめわが国でも様々なものが報告されてきた．現在，脱硫装置の普及が進んでおり，わが国をはじめ先進国のSO_2排出量は減少傾向にあるものの，開発途上国などでは必ずしも減少傾向とはなっていない．

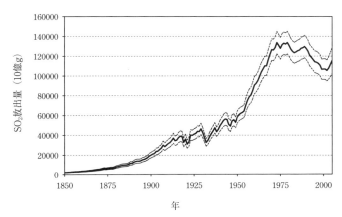

図 5.11 化石燃料の燃焼およびプロセスによる世界の SO_2 放出量の経年変化（Smith et al., 2011 を改変）

5.3.3 カルシウム，マグネシウム，カリウム

　カルシウム（Ca），マグネシウム（Mg），カリウム（K）は，森林生態系内における循環量（鉱物からの風化溶出量，土壌中の挙動量，植物による吸収量など）が金属のなかでは比較的多い元素である．カルシウムは植物の生体膜において構造と機能の維持に必須の元素であり，マグネシウムはクロロフィルの中心に配位する重要な要素であるとともに炭素固定にかかわる多くの生理反応を支えている．カリウムは，窒素，リンとともに作物の三大栄養素にあげられるように必須性の高い養分元素であり，浸透圧調整など植物細胞内の代謝環境を整える様々な役割を果たす．このように，いずれの元素も植物の生理機能において重要な役割を担っており，植物にとって多量に必要な元素である．

　これらの元素は主に土壌鉱物の風化によって陽イオン（Ca^{2+}，Mg^{2+}，K^+）として森林生態系内の循環系にもたらされる．<u>土壌には土壌鉱物や土壌有機物表面などに負に帯電したイオン交換体が多く存在しており，ここに正電荷をもつ金属イオンが吸着している</u>（図 5.12）．これら金属イオンは土壌溶液を通じて土壌から植物に取り込まれ，やがてリターフォールにより土壌へ供給され，生態系内を循環する．植物はこれら金属を選択的に吸収するため，生態系表層への集積をもたらしている．

　生態系内での金属の循環量は地質に大きく影響を受ける．わが国の多くの森林土壌にはカルシウムが比較的多く含まれており，カルシウムの循環量がほかの金

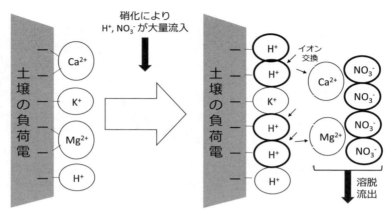

図 5.12 土壌中で硝化に伴って起こるイオン交換の模式図（松中，2003 を改変）
硝化によって H^+ および NO_3^- が土壌に流入し，H^+ が土壌の負荷電に吸着していた Ca^{2+} や Mg^{2+} などの金属イオンと交換して吸着する．脱着した Ca^{2+} や Mg^{2+} は土壌の負電荷と反発して吸着しない NO_3^- などとともに溶脱・流出する．

属に比べて多くなりやすい．一方で，たとえばカルシウムよりマグネシウムの含量が卓越する蛇紋岩地域では，その影響でイオン交換体や渓流水中にもマグネシウムが相対的に多くなり，植生にも影響を及ぼす（1.1 節参照）．

　土壌中の硝化作用（5.2 節参照）が大きい場合，硝酸イオン（NO_3^-）とともにこれらの金属イオンの溶脱が増加する場合がある．硝化作用によりアンモニウムイオンに酸素が化合して硝酸イオンと水素イオンが生成されると，水素イオンは金属イオンよりも鉱物による吸着選択性が高い（和田，1997）ため，もともと土壌の負荷電に吸着していた Ca^{2+} や Mg^{2+} などの金属イオンが，水素イオンと交換して脱着し，水素イオンが吸着する**イオン交換**が起こる（図 5.12）．このとき硝酸イオンは，土壌の負荷電と反発してあまり吸着されないため，結果として金属イオンと硝酸イオンが土壌溶液中に増加して，流出する．こうしたイオン交換の一連の挙動は，溶液全体が常に中性になるように陽イオンと陰イオンが同量ずつ挙動する**電気的中性の原理**に基づいている．

5.3.4　アルミニウム，鉄，ケイ素

　アルミニウム（Al），鉄（Fe），ケイ素（Si）は鉱物の主構成元素であり，これらの酸化物は地殻の 8 割ほどを占める．いずれの元素も土壌鉱物から風化によって溶出し，森林生態系の物質循環に加入するが，酸化物や水酸化物として再

結晶しうる．とくにアルミニウムや鉄の酸化物はカルシウムやマグネシウムなどの金属に比べて雨水などによって溶脱しにくく土壌中にとどまりやすい．

アルミニウムは，特に強い酸性土壌中では無機態アルミニウム（Al^{3+}）として溶出し，植物の成長を阻害する．植物は根からキレート物質を分泌してアルミニウムを無毒化したり，根の細胞壁や細胞膜などの構造や機能（侵入防御・排除など）によってこれに耐性を示したりする．また，チャノキやアジサイなどは，体内にアルミニウムを多量に集積して無毒化することができる．

土壌鉱物表面のアルミニウムの酸化物および水酸化物は，しばしば活性をもって土壌有機物を強固に吸着し，森林生態系における土壌有機物の蓄積に重要な役割を担う．こうしたアルミニウムの活性はNaF（フッ化ナトリウム）を用いた活性アルミニウムテストによって野外で調べることが可能であり，とくにわが国の森林にも多いアロフェン質の火山灰土壌は高い活性を示すことが多い（口絵11）．こうした土壌におけるアルミニウムによる有機物吸着は，微生物の活性を弱めるはたらきがある．これには，アルミニウムイオンによる微生物の活性阻害の影響もあると考えられるが，アルミニウムが土壌有機物を隔離するために微生物が有機物を利用できないことによる影響も小さくない．陸上生態系には植物の数倍に相当する炭素が土壌有機物として蓄積されているが，これに果たすアルミニウムの役割は大きい．

鉄もアルミニウムと同様に土壌鉱物表面で有機物と結びついて，土壌有機物の保持・蓄積に関与している．また土壌中の鉄は雨水によって流されにくいため，酸化物として蓄積し，土壌に赤色や褐色などの色味を与える（4.1節参照）．鉄は硫黄と同様に酸化状態によってその挙動が変化し，多くの好気的な森林土壌では3価の鉄（Fe(III)）として可動性の低い形態で存在しているが，水が停滞するなど酸素の少ない嫌気的な環境になると2価の鉄（Fe(II)）となって水に溶け出す．鉄は落葉などの植物リターに豊富に含まれる**ポリフェノール**と結びつきやすく，土壌から渓流水，さらには海洋へとポリフェノールをともなって流れ出る．海洋における植物プランクトンの一次生産は，しばしば鉄不足によって制限されているため，森林をはじめとする陸域からの鉄の供給が海洋の生産性向上に関与していると考えられる．

ケイ素は**ケイ酸**（SiO_2）の強固な四面体構造の形成を通じて鉱物の結晶化に大きく寄与している．ケイ酸は土壌鉱物から風化すると土壌溶液中に溶け込み，植物に利用されるほか，渓流を経て河川へ流れ出る．ケイ酸の植物体中含量は植物

によって数桁レベルで異なっており，植物による利用が種によって様々であることが示唆される．とくにイネ科植物（ササを含む）には多く含まれ，細胞壁などに沈着して病害虫への抵抗性を高めている．またケイ酸の渓流への流出は，とくに火山灰土壌において高くなる傾向にある．これは火山灰土壌には未風化で反応性の高い非結晶性のケイ酸塩鉱物が多く含まれることによる．

5.3.5 セシウム

セシウム（Cs）は通常の森林においてそれほど挙動が注目される元素ではない．しかし，2011年3月に発生した福島第一原子力発電所の事故により大量の放射性核種が大気中に放出され，その結果福島県の森林では**放射性セシウム**である^{137}Cs（質量数137のセシウム）の多量の沈着が認められたことで，とくに放射性セシウムへの注目が一気に高まった．自然界にはもともと放射性を示さないセシウム（^{133}Cs）がほとんどで放射性セシウムはごく微量しか存在しないが，原発事故によって放射性セシウムが多量に森林へもたらされた．^{137}Csは半減期が約30年であり，比較的長期間にわたり放射性を示す．周辺地域の森林では除染作業なども多く行われてきたが，依然一定量の残存が認められる．

森林における^{137}Cs汚染および森林内の^{137}Cs循環に関しては，原発事故後，多くの研究者によって現地調査などが行われ，その様子が明らかとなりつつある．森林へと降下した^{137}Csの多くは，まず植物体の地上部（葉，枝，幹）や林床の有機物層などに沈着した（Imamura et al., 2017）．はじめは植物体の地上部に沈着した^{137}Csも，やがてリターフォールにともない徐々に土壌の有機物層へと移動し，さらにその下の鉱質土壌へと移行・集積した（図5.13）．Csは1価の陽イオンとしてイオン化するが，これがカルボキシ基やフェノール基を有する有機物

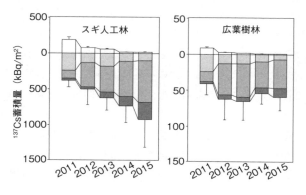

図5.13 福島県内の森林における^{137}Cs蓄積量の分布とその経年変化（Imamura et al., 2017を改変）
地上部や有機物層にあった^{137}Csは，徐々に鉱質土壌上部へ移動・蓄積している．

と結びつくほか，粘土鉱物構造の末端にも吸着しやすい．また，Csは脱水和（だっすいわ）により鉱物内部に固定されることがあり，その場合鉱質土壌に長期間保持されやすい．汚染土壌について調べた例では，土壌溶液中や鉱物のイオン交換体に吸着した状態の比較的動きやすい ^{137}Cs は土壌の種類によらず全体の1割未満で，ほとんどが何らかの形で土壌内部に固定されたものであった（保高・辻，2013）．こうしたCsの特性により，森林に飛来した ^{137}Cs が表層土壌に多く集積したと考えられる．

森林土壌の表層へもたらされた ^{137}Cs の一部は，植物に吸収されている可能性がある．汚染された落葉広葉樹林では，^{137}Cs の沈着を受けていない新葉の ^{137}Cs 濃度が，通常よりも高いことが確認されている（柴田・大手，2018）．これは沈着した ^{137}Cs が植物に吸収されたことで生じた可能性がある．^{137}Cs を含む植物体はやがてリターフォールにより土壌へ供給され，^{137}Cs が森林内部で一部循環していると考えられる．前述の通り ^{137}Cs は土壌に集積しやすい特性があるため，その流出量は土壌に沈着している量と比較するとわずかである．こうした事実は，放射性セシウムがいったん森林の内部物質循環に取り込まれると容易には取り除かれないことを示唆する．

5.3.6 ケーススタディーのまとめ

森林生態系における元素の循環はそれぞれの元素によって特徴的なものとなっている．元素ごとにみられる特徴は，元素そのものの化学性に加え，土壌や生物との様々な関係性（反応）に大きく依存している．そして，それらの関係性は森林生態系内で連鎖的につながり，循環系が形成されている．さらには，異なる元素同士も，様々な関係性をもって互いに影響を与え合っている．そのため，<u>現在地球上で起こっている様々な環境改変は森林内の個々の元素の動態やバランスに影響を与えるだけでなく，その連鎖や関係性を通して容易に森林生態系全体の様々な過程に影響を及ぼす可能性がある</u>．地球温暖化などの環境変動が森林生態系に与える影響を理解するうえで，森林内の様々な元素の循環を規定する過程を理解し，それらの連鎖的影響を考慮することが重要となる． ［保原　達］

発展課題

(1) リンの循環は窒素の循環（5.2節参照）と比べた場合，開放的といえるか，それとも閉鎖的か．流入・流出や内部循環における特性などを考慮しながら，理由と

ともに説明しなさい．
(2) 放射性セシウムに汚染された森林の近況について，最新の研究論文などをもとにまとめ，対策を議論しなさい．
(3) 森林における元素の動態や循環は元素の化学的性質と深く関連している．そこで，本節で紹介した元素の動態や循環をもとに，ほかの元素の森林内での動態や循環について予想されることを列挙しなさい．

5.4 システムとして森林生態系を捉える—物質の移動に着目して—

　複雑な生態系を理解可能な形で捉えるためにいくつかの単純化が試みられてきた．たとえば，環境と生物の間をエネルギーや水などの物質がどのように巡っているのかを表すのが，食物連鎖や物質循環という概念である．本節では，生態系における物質循環を簡略な図で表した高校までの定性的な議論から，測定に基づく数値データを用いた定量的な議論へとレベルアップすることを目的とする．すなわち，異なる生態系を比較するための方法論を学ぶ．ここでは物質循環的な生態系の捉え方について，定量的な議論に必要な基本的な概念を提供する．より細かな議論については参考書（Chapin *et al.*, 2018；柴田，2015）を参照されたい．

5.4.1　生態系内の物質循環

　物質循環の研究では生態系をシステムとして扱う．明瞭な境界のある森林のまとまりを考えたとき，システムへの物質の出入りとシステム内における生産がある．物質循環では水循環（5.1節参照）を基準として，集水域単位で森林を扱うことが多い．集水域という森林単位の中には，植物，土壌，動物といった構成要素がある．そして，これら構成要素の間には，様々な形での物質のやりとりがある．たとえば有機物が植物から土壌へとリターフォールにより供給され，植物は栄養分や水を土壌から吸収する（図2.1節参照）．

　このような定性的な関係を定量的に理解するため，いわゆる**コンパートメントモデル**の枠組みを利用して，生態系を単純化して記述できる．コンパートメントモデルとは，別名ボックスモデルともいわれる通り，ある系の構成要素をそれぞれ均一なボックス（コンパートメント）として整理し，ボックスとボックスを矢印でつなぐことで関係性（物質のやりとりがある，制御要因となっている，など）を示すものである（図5.14）．ここでは物質循環に関する定量的な議論の手助け

5.4 システムとして森林生態系を捉える—物質の移動に着目して—

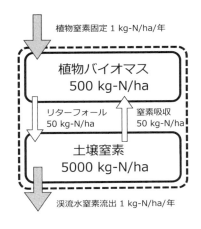

図 5.14 コンパートメントモデルを用いた森林生態系の窒素循環の図式化
生態系の中に植物バイオマスと土壌窒素という2つのプール（構成要素）があり，それらの間をリターフォールと窒素吸収というフラックス（物質の流れ）がつないでいる．また系外からのインプットと系外へのアウトプットがある．この例ではインプットである窒素固定により窒素が植物バイオマスへ入り，アウトプットである窒素流出により土壌窒素から出る．プールとフラックスともに窒素濃度は1 haという面積単位で表記されている．

として使うが，たとえば 4.2.7 項や 5.2.3 項にあるフィードバックの仕組みを理解する際にも利用可能な整理方法である．

まずは「どの物質を基準として生態系を捉えたいか」を明確にしなければならない．基準となる物質は，炭素や窒素，エネルギーといった詳細なレベルで設定する．そしてその量の多少，濃度の高低を議論できるように生態系の捉え方を整理する．次に，対象とする系の境界を決め（森林であれば1つの集水域），構成要素をコンパートメント（ここでは**プール**と呼ぶ）に整理し，その量（**プールサイズ**）を考える．たとえば土壌中にどれだけの窒素があるか，というまとまりを「土壌窒素プールの大きさ」と表現する．このプールサイズの大きさは量または濃度で表される．しかし，集水域同士を比較する際に，面積などの特徴が異なるため，集水域単位の土壌窒素プールサイズ，という情報は比較が難しい．そこでプールサイズを単位土地面積あたりの窒素の質量（$g-N/m^2$）として表す．たとえば，窒素の植物バイオマスプールサイズが $50\ g-N/m^2$ または $500\ kg-N/ha$ と表記する（MKS単位系ではhaは用いないことになっているが，本書でも見受けられるように，これまでの研究の歴史に沿ってhaを面積単位として用いることも多い（たとえば図 5.9））．濃度を面積ベースで表すのは不自然だが，窒素の植物バイオマスプールが $500\ kg-N/ha$ とは，面積1 haの森林に植物が生えており，そこに含まれる窒素が500 kgである，とイメージしてほしい．一方，土壌中の窒素が $5000\ kg-N/ha$ の場合，どこまでの深さまでを土壌とするかという問題がある．対象とする土壌を深さ30 cmまでとするのか，5 mまでとするのかについては，現実には研究対象に応じて考慮する必要がある．たとえば植物が利用でき

る土壌窒素について研究をする際には，根が窒素を吸収するために分布している範囲や，土壌深度によって土壌の比容積重が大きく変化することを考慮し，ある深度までの土壌を対象としたうえで，重量ベースではなく面積ベースで解析しなければならない．実際のところ，面積ベースで土壌を採取しプールサイズを測定するには大変な労力がかかるので，50 mg-N/g-soil といったように，面積ベースではなく重量ベースで議論を行うこともある．

次に，異なるプール間での物質のやりとりを考えてみよう．植物バイオマスと土壌という2つの異なるプールの間では，植物バイオマスから土壌へとリターフォールにより物質が移動する．この物質の移動を**フラックス**と呼ぶ．フラックスによく似た言葉で**フロー**という表現もある．厳密にはフローは，プールからプールへの物質の「流れ」であり，フラックスは「流束」であるため流れの向きと速度が含まれる．フラックスの向きに着目する場合には，あるプールに入ってくるフラックスを**インフラックス**，出ていくフラックスを**エフラックス**と呼ぶこともある（図5.14）．またフラックスの単位はプールの単位と合致している必要がある．

2つのプールの間に複数のフラックスが存在する場合は，それらをまとめて扱うことも，個別に扱うこともある．たとえば植物バイオマスと土壌という2つのプールの間でのカリウムイオンのフラックスを考える（5.3節参照）．植物バイオマスから土壌へのフラックスとしては**溶脱**とリターフォールがあり，土壌から植物バイオマスへのフラックスとしては植物による吸収がある．どれだけのカリウムイオンが動いているかというフラックスそのものの値に着目したい場合は，この溶脱とリターフォールをまとめて考えることもあるし，それぞれのフラックスの大小がどのように決定されるかというプロセス自体に着目したい場合は，溶脱とリターフォールを別個に計測し，たとえば降水量とどのような関係にあるかを調べる．また，土壌カリウムのプールサイズの変化だけに着目したい場合は，インフラックスとエフラックスの差し引きの**純流束**とさらにまとめて扱うこともある．ただし，プロセス解析においては，純流束情報は個別のフラックス情報を失っているために，どうしても解析力が落ちてしまう．必ず個別のフラックス，そして純流束ではなく**総流束**について観測を行わないと，より詳細な議論ができない．

5.4.2 生態系と外部環境と物質循環

コンパートメントモデルにおいて，ある森林の境界を決め，その境界の中にあるプールへと境界外から入ってくるインフラックス（一般にはインプットと呼

ぶ），境界内にあるプールから境界外へと出ていくエフラックス（アウトプット），そして境界内に存在するプールとそれらの間をつないでいるフラックス，これらがある森林の物質循環を構成する要素である．どれだけの物質が森林へ入ってきて，どれだけが出ていくか，その収支は生態系を捉える際に重要である．ある物質のインプットがアウトプットよりも大きければ生態系にその物質は蓄積し，逆であれば減少する．

ここで，ある物質についてインプットとアウトプットの速度が釣り合っている場合に，その物質に関して系が**定常状態**にあるという．定常状態とは，ある生態系内の物質の蓄積量が変わらない状態（純流束＝ゼロ）であるが，正味の変化がないだけで，インプットとアウトプットの速度がともにゼロであるわけではない．たとえば大量の窒素が降水でもたらされても，同時に大量の窒素が渓流水に溶けて流出すれば，その森林は窒素について定常状態であるということがありうる．

プールサイズに対してインフラックスやエフラックスが比較的大きい系を**開放系**（open system），小さい系を**閉鎖系**（closed system）と呼ぶ（ただし開放系や閉鎖系，という言葉を使うときにその生態系が定常状態にあることは必要条件ではない）．森林がどの物質について開放系であるか，あるいは閉鎖系であるかは，その物質の物理的，化学的特徴，そして生物学的特徴に大きく依存する．また，物質の起源には地球のこれまでの歴史が大きく影響しているために，数年から数百年という時間スケールではなく，数万年から十数万年を超えた時間スケールの地質学的特徴も考慮する必要がある．たとえばこれまで無視されてきた堆積岩中の窒素が森林の窒素循環に大きな影響を与えている可能性が，近年示唆されている（後述）（Houlton *et al.*, 2018）．

ある系がある物質について定常状態にある場合，その物質の生態系へのインプットとアウトプットは等しい．たとえば図5.14では窒素のインプットとアウトプットの速度が等しく，生態系は窒素について定常状態といえる．そこで，インプット（またはアウトプット）の物質フラックスが，系内に存在している物質のプールと比較してどれだけ大きいかを考える．インフラックスがプールサイズと比較して大きければ開放系，小さければ閉鎖系となる．そこで，系内に存在する物質プールをインプット（またはアウトプット）で割り，規格化してみる．

$$\tau [\text{年}] = \frac{\text{プールサイズ}\,[\text{g/m}^2]}{\text{インプット(orアウトプット)}\,[\text{g/m}^2/\text{年}]} \tag{5.2}$$

ここではこの規格化した数値を τ とし，単位を[ ]で表記した．τ は時間の次

元をもち，ある系において物質が平均どれだけの間，系内のプールにとどまっているかを示す指標となる．これを**平均滞留時間**（mean residence time, **MRT**）と呼ぶ．たとえば地球大気中の N_2 ガスの τ は約1300万年，O_2 ガスは約1万年，CO_2 ガスは約5年と大きな違いがあり，また生物バイオマスプール中の炭素がもつMRTは，海洋生態系で0.08年であるのに対し，陸上では11.2年である（Chapin et al., 2018）．MRTの逆数を取れば**回転速度**となり，一定時間にどれだけプールが入れ替わっているかを知ることができる．たとえば森林の中で回転速度の高い物質の1つである亜硝酸イオンは土壌中で約1.4時間という短いMRTをもち（Isobe et al., 2012），その回転速度は1日24時間で17回となる．

実際の生態系では，生態系全体と外部からのインプット，外部へのアウトプットという大きな枠組みだけでなく，生態系内部でのプール間のフラックスもある．たとえばある北米の森林生態系では，生態系外からの窒素のインプットが7 kg-N/ha/年，生態系内における植物から土壌へのリターフォールによる供給量が54 kg-N/ha/年，植物による土壌からの窒素吸収が80 kg-N/ha/年というフラックスが観測された（Bormann et al., 1997）．植物への窒素供給としては，外部からの窒素供給速度よりも森林生態系内部での供給速度のほうが10倍以上大きい．つまり植物は，森林生態系内部の窒素に強く依存している．このような状態を，「**内部循環**が卓越している」という．さらに，森林生態系では，遷移初期は土壌が未発達であるため，土壌からの窒素供給よりも植物は降水や窒素固定といった外部からの窒素供給に頼るいわば**外部循環**依存系であり，森林の遷移に伴う土壌発達により，徐々に内部循環が卓越していくことを定量的に示すことができる．

5.4.3 みえないフラックスを求める

森林生態系では一般にプールサイズは観測しやすいものの，フラックスについては観測が困難である．では，これまでみつかっていないフラックスはないのだろうか．たとえば，物質の中でも生物作用がその循環に大きな影響をもつもの（炭素，窒素，リンなど）は，生物の生存戦略や生理活性によってフラックスが左右される．そのため，たとえあるフラックスの基質となるプールが大きく，大きなフラックスが予想される場合でも，そのフラックスを制御する生物の戦略・生理特性によっては，フラックスが制限される．このような生物学的な作用を介した複雑さが，森林生態系における物質循環の理解やモデル化を困難にしている．つまり，物理化学的な物質の特性に加え，その物質が生物にどのように要求される

か，どのように代謝されるか，その代謝の制御要因はなにか，などについて理解を深めることが必要で，それによりフラックスを定量化することが可能となる．

生物的な物質の特徴を物質循環に取り入れる考え方の1つとして**生態学的化学量論**（ecological stoichiometry）がある．様々な生物がある程度固有の元素比をとり，その元素比を保つように物質代謝を行うという事実を応用した考え方である．たとえば土壌微生物により窒素が無機化されるか，それとも不動化されるか（5.2節）ということを生態学的化学量論に沿って考える（図5.15）．微生物の**成長効率**が40%であり，そのCとNのモル比が10:1（C/N=10）とする．この微生物が100 mol-C の有機物を分解するときは，微生物は40 mol-C をバイオマスに取り込み，残りの60 mol-C は呼吸で CO_2 として排出する．同時に40 mol-C のバイオマス増加には，4 mol-N の窒素が必要となる．つまり，生態学的化学量論をもとにC/N=10と成長効率40%という情報から，窒素のフラックス（4 mol-N の吸収）を推定することができる．ここで，微生物が有機物からバイオマ

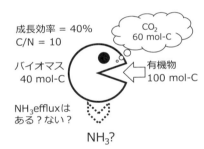
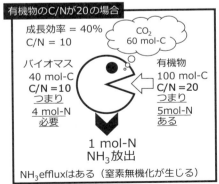
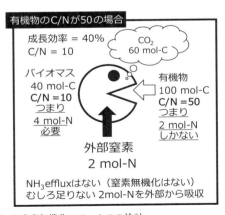

図5.15 生態学的化学量論に基づいた窒素無機化フラックスの検討
微生物が有機物を同化するという情報に，微生物の成長効率，微生物と有機物のC/Nという情報を加味することで，窒素放出（窒素無機化）フラックスの有無，さらにはその定量的な予測が可能となる．

スに利用する炭素だけでなく窒素も賄う場合には，有機物中の C/N は 100：4 = 25：1 でなければならない．もしも有機物の C/N が 50：1 である場合，微生物が 100 mol-C の炭素を成長効率 40％ で利用するならば，2 mol-N の窒素が足りないため，微生物はこの有機物以外から 2 mol-N だけ窒素を吸収しなければならない．一方，有機物の C/N が 20：1 であるならば，微生物が 100 mol-C の炭素を利用し，40 mol-C のバイオマスには 4 mol-N の窒素を必要とするが，有機物中には 5 mol-N，結果として 1 mol-N 余る．この 1 mol-N はアンモニアのような形で体外へと放出される．これが窒素無機化としてのエフラックスとなる．<u>このように生物と有機物の元素比を比較することで，生物がある元素を取り込むのか，あるいは放出するのか，といった生物活性を推定できるだけでなく，フラックスの大小も推定することができる</u>．

　海洋プランクトンの平均的な元素比（C：N：P = 106：16：1）は**レッドフィールド比**（Redfield ratio）と呼ばれ，海洋生態系における生元素循環研究に利用

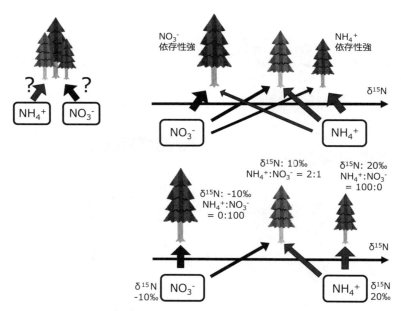

図 5.16　安定同位体によるみえないフラックスの推定
　植物が NH_4^+ と NO_3^- のどちらを利用しているかを判定するのに，植物の窒素安定同位体比（$\delta^{15}N$）を比較することで定性的に（右上），より詳細な測定を行えば定量的に（右下），NH_4^+ と NO_3^- の吸収フラックス（ここではある時間における総窒素吸収フラックスにおける割合）を求めることができる．正確な推定には同位体分別などの前提が必要である．

されているが，陸上での生態学的化学量論の応用はまだ始まったばかりである．原因として生元素循環をつかさどる微生物バイオマスの元素比の測定が煩雑かつ困難であることがあげられるが，近年ではより直接的に微生物が放出する体外酵素を観測することで，土壌微生物の元素要求性を把握することが可能になってきた（Sinsabaugh and Shah, 2012）．

　生物的な物質の特徴を捉えるもう1つのアプローチとして同位体の利用がある．同位体には**放射性同位体**と**安定同位体**があり，放射性同位体の ^{14}C や ^3H は年代推定によく用いられている．化合物中の安定同位体（C^{13}, N^{15} など）の割合はその化合物の起源や経た過程によって異なることが知られている．いわば，物質に安定同位体比という色を付けることで，その物質が生態系内でどのように移動し，どのように消費・生産されたかを追跡することができる（永田・宮島，2008）．たとえば，森林への窒素インプットとしては降水などによる窒素沈着と窒素固定が主なものとして考えられてきたが（5.2節参照），植物の窒素同位体比は，堆積岩に含まれる窒素に近く，降水や窒素固定で供給される窒素とは異なることから，堆積岩を母岩とする生態系ではこれまで無視されてきた堆積岩風化由来窒素の植物へのフラックスが重要であることが示されている（Morford *et al.*, 2011）．図5.16では，植物の窒素供給において，NH_4^+ 吸収と NO_3^- 吸収とどちらがより大きなフラックスであるかを定性的かつ定量的に窒素同位体比から見積もる例をあげた．必要な前提条件などの詳細は専門書に譲るが，このようにみえないフラックスを，そのフラックスに色を付けて追跡することで，今まで無視されていたフラックスの重要性を明らかにすることができる． ［木庭啓介］

発展課題
(1) 自分の体を1つの生態系として捉え，水循環の図（プールとフラックス）を描き，インフラックス，エフラックスはどのようなものがあり，どれだけの大きさか，プールサイズはどれだけの大きさか，MRTや回転速度はどれくらいか考察しなさい．また，水収支を計算するならば，どのような項目を測定しなければならない論じなさい．
(2) 地球大気中の N_2 ガスの τ は約1300万年，O_2 ガスは約1万年，CO_2 ガスは約5年と大きな違いがある．また生物バイオマスプール中の炭素がもつMRTは，海洋で0.08年であるのに対し，陸上では11.2年という大きな違いがある．これらの違いを生み出す理由について考察しなさい．

第6章
森林生態系の保全と管理

本章のめあて
- 森林の多面的機能や生態系サービスについて学び，それらを持続させるために必要な政策や社会システムのあり方について考察する．
- 生態系管理の概念や具体的な手法，実施例について学び，自然資源を保全しつつ利用する持続可能な森林管理のあり方について考察する．

6.1 森林の多面的機能

6.1.1 森林の生態系サービス

　森林はその多様な生態系機能を通じて，私たちの生活や社会経済を支える様々な恩恵を生み出している．人間が森林から享受するのは木材以外にも，生命維持に必要な安全な水や酸素，土砂災害や洪水の不安がない安心安全な生活など多岐にわたる．これらの働きを森林の**多面的機能**と呼び，生み出される恩恵は森林がもつ**生態系サービス**と呼ばれる．森林の多面的機能が及ぶ範囲は，温暖化防止などのグローバルなものから，斜面崩壊防止のように限定的なものまで様々である（図 6.1）．

　林野庁では，日本学術会議が 2001 年にまとめた「地球環境・人間生活にかかわる農業及び森林の多面的な機能の評価について」に基づき，森林の多面的機能を以下の 8 つに分類している（日本学術会議，2001）．これらの機能を森林が発揮するために必要な森林管理については 6.2 節に詳しく述べる．ただし，森林の多面的機能は個別に発揮されるのではなく複合，重複して発揮されるものであり，人間が期待する機能を森林のみに頼るのではなく，森林管理と社会的な取り組みなどの方策が，互いに補完しあうことで十分な効果を上げられる．

a．生物多様性保全機能

　これまでの研究から，生物多様性が高い生態系ほど，安定性が高く，攪乱から回復しやすい（**レジリエンス**が高い）ことが示唆されている．生物多様性の保全は，生物種が環境変化に適応，進化し，種が存続することを可能にする．日本の

図 6.1　森林の多面的機能

高等植物の約 7 割，哺乳類の約 8 割が主に森林に生息するほか，昆虫や菌類も森林を主要なハビタットとする種が多い（2.1 節参照）．また，森林は河川生態系を介した物質循環を通じて水産資源の多様性にも影響を与えている（第 5 章参照）．

生物多様性維持には遺伝子の多様性や遺伝資源の保全も重要である．たとえば，地理的に隔離された地域個体群は，同種であっても各々の環境に適応した遺伝子をもつ．こういった地域個体群やごく限られた地域にのみ生息する希少種の存在は，遺伝的多様性を確保していくために重要である．人間の活動の拡大にともない森林や森林周辺の土地利用が変化し，森林の断片化が進行すると，生息地の減少だけでなく地域個体群の交配の機会が奪われ，環境の変化によって森林に生育できなくなるなど，生物種の存続を脅かす状況を生み出すことがある．

b. 地球環境保全機能

20 世紀後半から顕在化した地球温暖化問題に対する二酸化炭素吸収源としての期待から，地球環境保全機能は森林の生態系サービスのなかでも近年とくに注目されている．国連食糧農業機関（FAO）の試算によれば，地球上の森林生態系における総炭素蓄積量は 6620 億 t 以上といわれ（現存量に関する詳細は 3.1 節参照），1990 年から 2015 年までの 25 年間に森林からの土地利用の転換や森林劣化などにより 115 億 t 減少した（FAO, 2015）．

1997 年には気候変動枠組条約締約国会議（COP3）が京都で開催され，二酸化炭素排出量の削減に向けた国際的な数値目標が初めて示された．その後の国際交渉において，日本や北欧諸国の主導によって，新規造林，再造林および持続可能な森林管理を行った森林による二酸化炭素吸収量を温室効果ガス削減量に算入す

ることが認められた．

化石燃料の燃焼は大気中の二酸化炭素濃度を上昇させるのに対し，森林から得られる木質バイオマス燃料は大気と植物体の間で炭素が循環する，**カーボンニュートラル**な**循環型エネルギー**である．また，樹木からの蒸散は，熱エネルギー消費によって気温上昇を抑制し，水蒸気の大気循環，降水パターンを安定させる．このように森林は炭素循環および熱エネルギー循環を通じて地球環境保全に重要な機能を果たしている．

  c. 水源涵養機能

日本の平均降水量は約 1700 mm と高く，河川勾配が大きいため，降水が直接河川に流出すれば，下流域は常に洪水の危険性にさらされる．これを緩和しているのが森林の水源涵養（かんよう）機能である．

森林や土壌における水循環については，4.1 節や 5.1 節で学んだ．森林土壌において，有機物に富んだ不均質な A 層は，**土壌孔隙**（こうげき）の孔径が大きいため**浸透能**が高い．一方，B 層は土壌の粒径が比較的均質で孔隙が小さいため，**保水能**が高く水はゆっくりと移動する．裸地では降水は**地表流**となって一気に流出するのに対し，森林に降った降水の多くは**地中流**となって徐々に流出する（図 5.2 参照）．このとき，森林土壌の孔隙を水が移動していくと同時に，不純物のろ過，窒素やリンの吸着，またイオン交換によるミネラルの付加が行われ，良好な水質になる．

森林土壌の孔隙構造の発達とともに水源涵養機能に大きく関係しているのが，リター層などによる**地表被覆**である．地表被覆がない場合，雨滴は土粒子に直接衝撃を与え，孔隙を破壊，締め固め，剝離した微細な土壌粒子が土壌孔隙を埋めることで，地表面に降水の浸透を阻止する**雨撃層**を形成する．この作用が起こると，降水は地中へと浸透することができず地表流となって流出する．

降水の流出を調節する森林土壌のはたらきは，大雨時には洪水を緩和し，渇水時には水量を確保する．しかし，土壌の保水能が飽和すると降水はそれ以上浸透できなくなり，地表流が発生してその後の降水は土壌中に貯留されることなく速やかに流出する．森林は緑のダムと呼ばれるが，森林の流量調節の機能には限界があることを理解して，適切な流域管理を行うことが重要である．

  d. 土砂災害防止・土壌保全機能

森林によって発揮される土砂災害防止・土壌保全機能には，植生の存在による直接的，間接的な**表面侵食**の防止と，樹木の根系による**表層崩壊**の防止がある．そのほか，防風，防砂，防潮，雪崩防止などの防災林としての機能も森林が発揮

する災害防止の機能である．

　森林の存在によって，植物やリターなどの遮蔽による雨滴エネルギーの減殺，リター層による地表流速の減殺，土壌への浸透による地表流量の減少，植物の根系による土壌緊縛(きんばく)作用などが総合的にはたらき，表面侵食を防止している．下層植生が多いほど表面侵食が抑制され，下層植生のバイオマスが 1 m^2 あたり 200 g を超えると，侵食はほぼ生じないことがわかっている．植生による被覆がない斜面に降水が降ると，雨滴と地表流が土粒子を剥離し，地表流によって下方に移動させるとともに，流下にともない地表流が発生し土壌を流亡させる．かつて人間による森林利用の負荷が大きく日本全国に裸地が存在していた江戸から戦後期には，山から流出した土砂が下流に堆積し大きな被害を及ぼしていた．

　降雨に伴う表層崩壊は，土壌中の水分量の増加により，土壌粒子同士の**粘着力**が減少することと，土層が水分を吸収し荷重が増加し，**滑動力**と**抵抗力**のバランスが崩れることによって発生する．森林が発達すると，樹木の**垂直根**は基岩に伸長し，地滑りを起こす**せん断力**に抵抗する効果を与え，水平根は絡み合い土壌に対して**緊縛効果**を与える．一方，樹木の現存量と土砂厚の増加で荷重は増加し，土壌の滑動力も増大する．森林構造の発達は表面侵食を抑制するが，表層崩壊を完全に防ぐことや深層崩壊の防止には機能しない．土砂災害は直接的に生命の危険につながるものであるため，森林の機能を過剰に期待するのではなく，砂防ダムなどの構造物による土木的なハード面および避難計画などソフト面を組み合わせた総合的な対策が重要である．

e. 快適環境形成機能

　森林は，気温変化・乾燥・強風などの気候変化の緩和や，大気を浄化する機能などを通じ，人にとって快適な生活環境を提供する効果をもつ．夏季は樹冠による遮蔽と蒸散による熱エネルギー消費によって気温上昇が緩和され，冬季は樹冠被覆により放射冷却が抑制され気温低下が緩和される．また樹木による蒸散は湿度を上げる効果ももつ．

　気温緩和の機能を期待して人間の生活圏内に造成される森林や緑地は，近年**グリーンインフラ**と呼ばれ，その環境形成機能に期待が集まる．強風地方に一般的にみられる屋敷林や耕地防風林は，家屋や農作物を守ることを目的に古くから育成されてきた（口絵 12a）．樹木は有害ガスを吸収，吸着し，火災による延焼を防止する機能をもつことから，工場立地法では一定規模以上の工場に対して，周囲に緩衝帯として緑地を設けることを義務付けている．これらは人工的に造成さ

れることが多いため，環境への耐性と期待する機能に適合した樹種を選定し植栽される（森本・小林，2007）．

f. 保健・レクリエーション機能

キャンプやスポーツなどを通じて森林で余暇を楽しんだことのある人は多いだろう．森林では都市環境下と比較して副交感神経が交感神経に対して優性になることや，唾液中のストレス物質であるコルチゾール濃度が低減すること，また樹木から発散される化学物質であるフィトンチッドに精神安定の効果があることなど，森林環境は人間の心身の機能を回復させる効果をもつと考えられている．

近年では森林資源の間接利用として世界的に**エコツーリズム**の機運が盛り上がっており，森林の自然環境やそれらと結びついた歴史風土などを余暇に楽しむ人が増えている（口絵12b）．日本では国民の保健休養および教化に資することを目的に，自然公園法に基づいて自然公園が指定されている．自然公園は国立，国定，都道府県立の3種類が存在し，民有林も指定対象である．一般に，森林を保養やレクリエーション目的で使用するためには，人が快適に過ごせるようある程度人の手を入れて管理することが前提となる．

g. 文化機能

森林は人の生活にかかわる資源を提供する存在であるため，人は心身両面において森林からの影響を受け文化を形成してきた．たとえば日本では木地師がつくった椀，炭による煮炊き，檜皮の屋根や木材を加工した建具，神棚に飾るサカキやシキミ，ウラジロ，樹皮で染色された布（口絵12c）など，森林から得た材料が暮らしや文化を形成してきた．そしてこれらにかかわる技術や知識は文化を形成する要素である．

近年の生活様式の変化によって，かつて森林から得ていた工芸品などの身の回りの品が，プラスチックなどの工業製品にとって代わられると同時に，知識や技術の継承，原材料の確保が難しくなっている．たとえば建築の欧米化による宮大工の継手技術，茅場の消失による茅葺屋根の葺き替え技術などがあげられよう．

森林は物質的な文化と同時に精神的な文化への寄与も大きい．神社などの神木に紙垂が巻かれているのをみた人は多いだろう．東南アジア，日本列島など多くの文化において，森林は人に恵みを提供するとともにそれ自体が神秘的なものとして崇拝や畏怖の対象であった．しかし，物質的な文化機能と同じく精神的な文化機能も，社会や人間の生活様式の変化にともない，その役割や重要性が希薄化しつつある．

h. 資源生産機能

現代の生活で実感することは稀だが，私たちの生活の中では森林から生産される様々な資源が利用されている．木材以外にも，たとえば精油やゴムなど樹木の抽出成分由来の工業製品，山菜やきのこなどの食料，コウゾやミツマタなど和紙の原料などは，現在でも広く利用されているほか，医薬品の多くは植物由来の成分を利用している．熱帯農村地域の生活においては現在でも，燃料や建築材料をはじめ森林資源は様々に利用される重要な資源である（口絵 12d）．日本でも江戸時代から戦後まで里地域に多くみられたはげ山は，薪炭材を得るための伐採，畑の肥料としての落葉の収集や下草刈りなど，過剰な森林資源の持ち出しが行われことが原因であった．こういった資源生産機能は水源涵養機能とともに，災害や貧困など危機的な条件下にある人々にとって生活の安全を保障する中心的な機能となる．日本でも森林の資源生産機能とそのほかの機能を適切に管理，活用し，産業と防災から国土強靭化を図ろうとする**グリーンレジリエンス**を謳った動きが出てきている．

木材も森林の資源生産機能によってもたらされ，経済的利益を生む重要な森林資源である．しかし，わが国では近年，生活様式の変化による木材需要の減少や外国産材との競争による木材消費の伸び悩みから，木材生産者による人工林への投資が低迷しており，管理不足による森林の生態系サービスの低下が危惧される．

6.1.2　森林の多面的機能と地球環境の持続可能性

環境問題への対策をすべき究極の理由の 1 つは，人間が生態系から享受する福利の存続のためである．また現在の環境問題の大部分は，20 世紀以降急激に拡大した人間の経済活動とそのグローバル化に起因している．ロックストロームらは 2009 年に，地球環境に影響を及ぼす人間活動の限界値として**プラネタリー・バウンダリー**（地球の限界）の概念を提示した（ロックストローム・クルム，2018）．彼らによると，地球の環境容量を代表する 9 つのシステムのうち気候変動や生物多様性をはじめとするいくつかのシステムがすでに限界値を超えている．今後，生態系サービスを持続的に享受するためには，各個人が地球市民として，地球の環境容量や資源量には限界があり，人間の社会，経済活動は有限な地球環境に内包されていることを理解し，地球環境の保全に積極的に貢献することが求められる．

森林の生態系サービスの劣化は，土地利用転換による世界的な森林面積の減少

に起因する場合がほとんどである．一方，日本においては1966年から2012年まで，森林面積に大きな変化は認められないばかりか，バイオマス蓄積量が約50年で約2.6倍に増加したにもかかわらず，森林の生態系サービスの劣化が危惧されている．これは林業の担い手不足や木材価格の下落によって，森林の維持管理が困難になってきているためである．

a. 生態系サービスと市場メカニズム

2005年のミレニアム生態系評価では生態系サービスの劣化が深刻化し，人類の福利に大きく影響していることが示された．生態系サービスの受益者である私たちがその価値を認識し，維持管理にかかる費用を積極的に負担することで，供給者との取り引きを介して，これまで市場外にあった生態系サービスを市場メカニズムに組み込み，サービスの向上を図ることができる．この概念が，**生態系サービスへの支払い**（payment for ecosystem services，**PES**）である．PESの枠組みを利用したシステムが**カーボンプライシング**である．このシステムは，これまで貨幣価値のなかった二酸化炭素に対し，その排出権を市場で取り引きすることによって，全球的に二酸化炭素排出量を削減しようとする試みである．二酸化炭素を排出する個人や企業，国は，排出削減努力を行ったうえで，どうしても削減できなかった排出量を，植林や自然エネルギーの導入など，排出削減につながる活動によって生み出されたクレジットを買い取ることによって相殺できる（**カーボンオフセット**）．また，このシステムによって，環境保全活動や自然エネルギー分野に経済市場から資金が流れる仕組みができた．

森林に関するシステムでは，2005年にモントリオールで開催されたCOP11で提案された「**途上国の森林減少・劣化に由来する排出の削減**（Reducing Emissions from Deforestation and Forest Degradation in Developing Countries，**REDD**）」や，これに適切な管理によって森林などに蓄積される炭素量を維持，増加させるという概念を付け加えた後続の**REDD＋**があげられる．これらの仕組みでは，過去の排出量データから算出された将来的な排出予測値と，取組実施によって減少した実際の排出値の差分を，排出削減量として国単位で計算し，排出権として取引可能なREDDクレジットなどとする．排出国は，途上国における植林事業支援や自然エネルギー施設の建設などを通してREDDクレジットを獲得することができる．類似した仕組みとして，途上国における環境にやさしい発展を支援する，**クリーン開発メカニズム**（clean development mechanism，CDM）がある．日本は京都議定書の第一約束期間（2008～2011年）における排出削減目標の達成にあ

たり，これらの仕組みを利用した．

　環境経済学の分野では，生態系サービスの恩恵を貨幣価値で定量評価しようとしている．評価手法は評価対象や評価主体によって異なり，今のところ直接的にPESに反映されていないが，人々が生態系サービスの重要性を認識して意思決定に反映させることを目的としている．たとえば地球環境保全や水源涵養機能は，二酸化炭素回収や水質浄化施設の建設にかかる費用に代替してその価値を計算すること（**代替法**）が可能だが，生物多様性や環境形成機能は定量評価が難しい．また土砂災害防止機能は，砂防堰堤<small>えんてい</small>などの建設費用や災害が発生した場合の**損害額**に基づいて算出されるため，高額になる傾向がある．日本の森林の有する多面的機能の貨幣価値は，林野庁が白書やウェブサイトにおいて最新の評価を発表し，国民に公開している．

　森林の生態系サービスを人々が享受するために必要な森林整備等費用負担の仕組みとしては，国家予算の一般財源や国および地方における環境問題に対する税などの活用，林業地と下流域の連携による基金設立，国民が国有林に投資して収益を国と分け合う**分収林制度**，整備が必要な森林とそこから得られる収益を集約化する**森林バンキング**など，様々な手法が存在する．

b． 森林環境税の導入

　森林の生態系サービスの維持にかかるコストをより公平に受益者である国民が負担することを目的とし，2018年度の税制改革において創設されたのが森林環境税である．国における森林環境税の検討は，2012年度の税制抜本改革法における森林による二酸化炭素吸収への取り組みの必要性から議論が始まり，税制を通じた温暖化対策への機運が高まった．また，新税創設の背景には林産業の低迷がある．これまで民有林の整備は木材生産などに必要な事業として生産者が費用を負担してきた．つまり<u>民有林の生態系サービスは，市場価値をもつ林産物を生産するために行われた森林整備の，副産物として生じる市場価値をもたない便益であった</u>．これは同時に，生産者が森林管理を怠り生態系サービスが低下しても生産者の収入には影響しないこと，また受益者が生態系サービスを無償で受け取ってきたことを示す（諸富，2009）．

　日本の森林面積の約6割が民有林であり，近年の森林蓄積の増加はほとんどが戦後の拡大造林で植栽された人工林の成長によるものである（図6.2）．人工林は間伐などの管理を怠ると，木材としての価値が下がるだけでなく，森林の多面的機能も低下する．<u>森林環境税は，人工林が生態系サービスを発揮するために必要

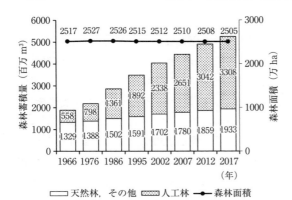

図 6.2 日本の森林面積および森林蓄積の推移(林野庁『森林資源の現況(平成 29 年)』より作成)

な事業に係る費用を，広く生態系サービスの受益者である国民が負担するための税である．森林環境税の導入により，森林の生態系サービスの維持に対して税金を支払うことで，私たち国民 1 人 1 人が森林の生態系サービスの維持に対して責任感をもつ意識転換が求められている．

名称は自治体によって異なるが，森林環境税は国に先立って 2003 年度の高知県を最初に，2018 年現在では 37 都道府県 1 市の地方自治体においてすでに導入されている．徴税方式は住民税の均等割額に一定額を上乗せする**賦課徴収方式**であり，多くの都道府県では，税収はすべて森林に関する専用の基金にあて，普通税とは区別されている（石田，2018）．一方，新しく導入される国の森林環境税の特徴は，市町村へ配分される森林整備に対する財源を，広く国民に国税として課する点である．森林法の改正を行い，森林行政の中心であった都道府県から，現場や所有者に近い市町村に主導権を移し，所有者による森林管理の奨励や所有者に代わって間伐などを実施することで，森林の生態系サービスの回復，向上への対策を行おうとしている．そのため，税主体は国だが，市町村が賦課徴収して国の**譲与税特別会計**に払い込み，改めて地方譲与税（**森林環境譲与税**）として，森林整備の必要な市町村および連携する都道府県へと配分する体制を整えた（図 6.3）．2024 年

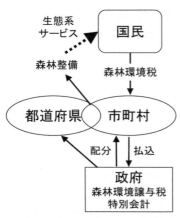

図 6.3 森林環境税と森林環境譲与税の仕組み

度からの森林環境税導入に先立って，森林環境譲与税は特別会計からの借入によって 2019 年度から開始された．

　制度の実施開始に向け検討すべき課題として，災害防止など受益者が限定される生態系サービスについては受益者負担の原則に反する点や，すでに地方税として森林環境税を導入している自治体では二重課税になるという点，地球温暖化対策税や森林整備に係る林野庁の予算など類似した目的での支出との重複があげられる．このほか，地方自治体への配分比率をどのようにして決めるのか，細分化された林地や所有者不明の林地をどうするのか，森林施業を行う林業従事者の減少と高齢化など，実施にあたっては様々な問題をクリアしなければならない．

［石丸香苗］

発展課題
(1) 森林の各生態系サービスについて，主な受益者の範囲はどこまでか，またその維持管理にどんな主体がかかわっているかをあげなさい．
(2) 身の回りで森林の生態系サービスによって支えられている恩恵を探し，自らがその生態系サービスをどのように知覚してきたかを考えなさい．
(3) 環境経済学における生態系サービスの価値評価法の種類について調べ，その特徴からどのような評価対象が適切であるかを論じなさい．
(4) 森林環境税について身近な複数の成人に，どのような税金であるか，またどのような意見をもっているかをインタビューしなさい．

6.2　生態系の管理

6.2.1　生態系管理とは

　生態系管理とは，生態系に関する科学的な知見に基づき，自然資源を包括的に保全しつつ利用することで，人間社会の都合により一方的に自然を改変し，コントロールしようとするのではなく，自然の摂理と在り方を尊重する管理アプローチである．生態系管理では，単一の資源（たとえば木材生産）だけに着目しない．生物間，生物-環境間のかかわりあいと相互作用があるシステムとして成り立つ生態系全体に着目し，科学的な知見に重きを置き，現状での知見の不確実さも踏まえつつ，ときに失敗からも学びつつ，資源生産と利用を両立しようと試みる（図 6.4）．

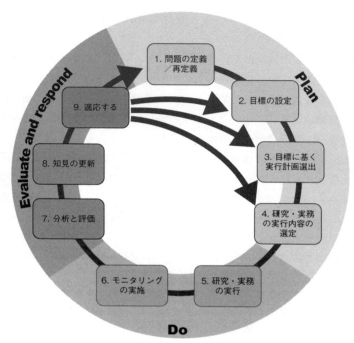

図 6.4 生態系管理の概念図（アメリカ・カリフォルニア州魚類野生生物局より転載・和訳）

生態系管理では，問題を特定し，明確な目標を定め，必要な政策や管理計画の策定，科学的研究の必要性を見極める（Plan：計画段階）．そして，実際に，研究や実務の実行，研究や管理実行状況のモニタリングなどを行う（Do：実行段階）．重要であるのは，それらの成否を評価するシステムを有していることである（Evaluate and respond：評価段階）．評価の結果に応じて，次なる管理計画を適宜柔軟に修正し，新たに実行と評価を継続していくことが生態系管理の核である（アダプティマネジメント）．

　生態系管理の考え方は，アメリカにおける木材生産を主眼とする森林管理から，生物多様性や生態系サービスの保全を視野に入れた森林管理への転換のなかで生まれた．20世紀後半，アメリカでは木材生産一辺倒の林業政策により生物多様性が脅かされ，天然林の象徴的な生物種も絶滅の危機に瀕していた．さらに，森林荒廃による水質汚濁などの環境影響も懸念された．そのような背景のもと，生態学者や林学者が政府に招集され，議論を重ねた結果，発案され，実行されたのが生態系管理である．

　以下に，広く知られた生態系管理の定義を示す．

「生態系管理は，資源管理において，生態学的な関係性についての科学的な知見を，複雑な社会，政治的な枠組み，および管理体制の中に組み込むことにより，自然たる生態系をより完全な状態で長期にわたり保全しつつ利用することを目指す.」(Grumbine, 1994)

「生態系管理は，生態系の構成，構造，そして機能の維持に必須の生態学的なプロセスについての現時点で最良の科学的知見と，対象とする生態系への長期的観察に基づき，明確な目標をもって，政策が策定され，実務が実行される資源管理の在り方である.」(Christensen *et al.*, 1996).

林業では，第一義に木材生産を念頭に置く．そのために，対象とする樹種を限定し，造林や育林が行われる．木材は人間社会において欠かすことのできない材料であり，再生可能な資源である．一方で，木材生産だけを重視すると，森林の構造は単純化する（2.1 節参照）．森林の種組成は，**造林木**（スギやヒノキなど）だけの単植になり，森林構造は樹高がそろった**一斉同齢林**となる．構造的に単純な人工林では，生息できるそのほかの動植物や微生物などの生物相も単純化する．土壌にはごく限られた種類のリターしか供給されず，有機物分解や養分循環，食物網などの生態系プロセスも単純化する．

森林生態系には様々な機能が備わっており，そこには多様な生物相が育まれている．森林は木材などの資源だけでなく，自然から得る数多の恵みとしての**生態系サービス**（6.1 節参照）を，私たちに提供している．木材生産だけを重視した森林管理を行うと，これらが失われるかもしれない．そこで，木材生産以外の生態系機能にも着目することが，**持続可能な森林管理**において肝要となる．ここでいう持続可能性とは，伐採と植栽，造林の繰り返しで木材生産を継続させることだけではない．生態系管理は，私たちが生態系サービスを持続的に享受し続けられるよう，森林生態系が発揮する様々な機能と，それを支える生物多様性をできるだけ損なわずに，長期的に維持しようとする包括的な管理手法である．生態系の生物相やそれらが生み出す様々なプロセスを含む生態系としての森林に着目するからこそ，生態系管理と呼ばれる．

6.2.2 持続可能な森林管理

1992 年，ブラジルのリオ・デ・ジャネイロで開催された国際連合環境開発会議では，持続可能な開発の最も重要な要素として，森林管理の重要性が確認された．各国および関係国際機関は，「21 世紀に向け持続可能な開発を実現するため

に実行すべき行動計画（**アジェンダ21**）」と「森林に関する問題を各国が協力して国際的に解決していくことの目標（**森林原則声明**）」を採択した．

1993年には，欧州安全協力会議の支援のもと，北方林および温帯林の持続可能な開発に関する専門家国際会合が，カナダのモントリオールで開催された．日本はこの**モントリオール・プロセス**の活動に参加している．1993年の会合では，①温帯林などの持続可能な開発についての現状把握と計測可能な基準および指標の検討，②森林資源の広がり，生産力，健全性をモニタリングするための調査とデータ収集の必要性，③これらに関する将来の協力方法など，とくに基準と指標の開発についての討議が行われた．モントリオール・プロセスでは，森林および林業の置かれている状況を，科学的かつ客観的な基準や指標を用いて把握し，それらを森林政策の企画，立案，実践などに活かすことで持続可能な森林経営を推進することを目的とした．国際的な基準を適用することで，各国の森林政策を互いに比較し，政策決定者だけでなく一般社会をも含む形で，持続可能な森林管理に関する議論が活発化した．

国際連合開発計画では，2016〜2030年の間に達成する目標として，「**持続可能な開発目標**（sustainable development goals，**SDGs**）」を掲げ，貧困に終止符を打ち，地球を保護し，すべての人が平和と豊かさを享受できるようにすることを目指す普遍的な行動を呼びかけている．17種類の目標が掲げられており，そのうち目標15は，「陸の豊かさも守ろう」である．ここでは，陸上生態系の保護，回復および持続可能な利用の推進，森林の持続可能な管理，砂漠化への対処，土地劣化の阻止および逆転，ならびに生物多様性損失の阻止を図るとされている．これは森林だけに特化した目標ではないが，陸域生物種の約2/3の種を有するといわれる森林生態系が，資源供給だけでなく，生物多様性の保全においても重要であることは明確である．

6.2.3 生態系に配慮した森林施業

これまでに多くの地域において，生産性に偏重した森林施業が行われてきたが，近年，生物多様性や多様な生態系サービスを保全することを目指した森林管理への意識が向上してきた．ここで鍵となるのは，自然のプロセスを尊重することである．とくに，伐採や林分改変といった**人為攪乱**をともなう森林施業においては，地域の攪乱体制に対する留意が肝要である．乾燥した地域では夏季に干ばつや山火事が起き，低中緯度地域では台風やハリケーンによる倒木などの被害が起きる．

これらは，地域の気候や地形などの要因により，太古の時代より生じてきた攪乱体制であり，**自然攪乱**は森林生態系の構造を創出する一要因である（2.2 節参照）．近年，北米や北欧を中心に実施されている森林施業は，地域の森林生態系の特色と自然攪乱体制を考慮することで，生態系の健全性，生物多様性，そして生産性を同時に保全することを目的としている．

　20 世紀までは，自然攪乱は森林資源を脅かす災害でしかなかった．林業の観点からすれば，林地に生育する樹木の焼失や倒壊は資本の損失であり，自然攪乱は排除の対象であった．しかしながら，自然攪乱を抑制しようとする試みは，思わぬしっぺ返しとして生態系や社会にさらに深刻な問題を生じさせた．最も顕著な例として，カナダ東部におけるハマキガの大発生があげられる．カナダ東部の森林では，パルプ産業の保護のために害虫であるハマキガを駆除してきた．短期的には駆除に成功したものの，ハマキガが好む樹種ばかりの単純な森林となった結果，未曾有の規模でハマキガが大量発生し，森林資源は壊滅的なダメージを受けた．また，アメリカ森林管理局による長年にわたる山火事の抑制も，同様の結果を生んだ．森林火災を抑制し続けた結果，森林内に大量の落葉，落枝や枯死木が蓄積し，大規模な山火事を引き起こすようになったのである．

　そもそも自然攪乱は，自然生態系では普遍的に生じるものである．そこで，自然に起こる破壊的なイベントの意味を理解することで，森林伐採という人為攪乱の際にも，生態系の特性に配慮することが可能となる．攪乱跡地は一見すると荒廃地にみえるが，実際には生残個体や埋土種子，倒木などの**生物的遺産**や，**攪乱レガシー**と呼ばれる生物的，物理的な生態系要素が多く残っている．また，このような攪乱レガシーが，再生される生態系に引き継がれることも自然の森林における重要なプロセスである．そのため，大規模皆伐を行って林地の樹木を残らず持ち去ることは，自然攪乱とはかけ離れた行為である．一斉植林とその後の皆伐は，生産性だけを最大化することに着目した**最大持続可能収量モデル**の達成という面では有効な施業法だが，様々な生態系サービスの持続可能な利用と生物多様性の保全を目的とした森林管理には適さない．そこで，森林を伐採する際にすべての樹木を持ち出すのではなく，ある程度の樹木や枯死木を残すことで，攪乱レガシーが残る自然攪乱地を模倣しようとする試みが**保持林業**あるいは**保残伐施業**と呼ばれる森林施業法で，世界的にも広く行われるようになってきた（口絵 13）．

　保持林業では，伐採時に何を持ち去るかではなく，何を残しておくかに焦点を当てている．さらに，林分レベルと景観レベルの双方のスケールで生物学的，生

態学的遺産（レガシー）を残すことに配慮している．林分構造（優勢木，成木集団のほか，生物の移動を目的として林分どうしをつなぐ**生物回廊**や隣接する河川や自然林に影響が及ばないよう伐採を行わない**緩衝帯**など）やハビタット要素（立枯木や倒木など）を伐採後も残しつつ，林分同士の連結性といった景観の健全性も考慮する．人の欲する対象を選択的に持ち去る従来の択伐施業に比べて，保持林業は生態系機能の保全にとってより効果的であることが示されている（図6.5）．

保持林業では，地域の森林および景観がどのような規模の攪乱で維持されてき

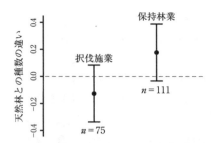

図6.5 保持林業および低負荷型の択伐施業における生物種数の保全効果を比較した研究事例（Mori and Kitagawa, 2014 を改変）

いずれの施業タイプでも，隣接する天然林に相当する種数が保全できていた．なお，両者を対比した場合，保持林業のほうが低負荷型の択伐施業よりも，より森林性の生物種の保全に効果的であることもわかった．

たのか，攪乱の種類や面積，影響度，再来間隔が景観内でどのように異なるのか，といった攪乱体制を考慮することに加えて，対象とする地域に広く分布する特有の成熟林や老齢林が生物相に対して担っている役割にも配慮する．よって単に攪乱体制を模倣するのではなく，地形や標高などの立地条件によって異なる攪乱体制や林分特性に応じて，伐採量や残存樹木の量および質を変える（図6.6）．保持林業では，様々な科学的研究が解き明かしてきた生態系が本来もつ特性を，木材生産を行いながら，できる限り保持しようとする．<u>林分の生産性や経済性と引き換えに，生物多様性や生態学的機能を維持することを受け入れる森林施業方法</u>である（柿澤他，2018）．

保持林業は，カナダやアメリカ，スウェーデンといった北米，北欧諸国で始まったが，現在は，温帯林を有する北半球と南半球の国々にも広く普及しつつある．また，日本やアルゼンチンのように，まだ実用に至らずとも，保持林業の在り方を模索する伐採実験を行う国も増えてきた．一方，まだまだ不確実な要素も多い．たとえば，必ずしもすべての森林性の生物を保全できるわけではない．また，保持林業が木材生産に及ぼす経済効果を定量的に評価するのは難しい．保持林業のような環境配慮型の森林施業を行うことは，木材生産量の減少を招きうる．一方，**森林認証制度**などにより生産される木材製品に付加価値を与えることができれば，市場価値を高めることができる．収穫量の減少分をこのような価格プレミア

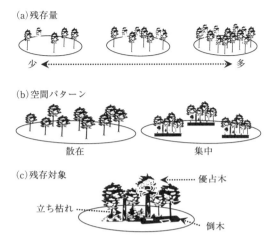

図 6.6 保持林業の伐採デザイン（森, 2007）
保持林業では，現場の状況に応じて施業区に残される，(a) 残存木の量，(b) 残存木の空間パターン，(c) 残存対象木などを変える．たとえば，北米太平洋沿岸地域の温帯雨林の場合，攪乱の規模や再来間隔は，斜面方向などの地形によって大きく異なることが知られており，このような景観内における攪乱体制の違いを考慮して施業が設計される．

ムで補填することで，生産者の経済的損失を軽減できるのか，あるいはより大きな利益を生むことができるのか，定量的に評価した事例はまだ少ない．保持林業など環境配慮型の森林施業は，生態系管理の理念に基づいて森林管理者が社会的責任感によって実施しているのが現状である．生態系管理は，システムとしての生態系に着目し，生物相や生態系プロセスを尊重するものである．保持林業はあくまで，この理念に基づき資源利用と経済活動を行う一例である．

6.2.4 生態系の健全性

生態系の健全性とは，「在来生物種の構成や豊かさ，非生物的な環境要因，生態学的プロセスの速度や変化の様子などが，その地域特有のものとして存在し，存在し続けるであろうと期待できる状態」と定義されている（Christensen *et al.*, 1996）．つまり，生物とそれを取り巻く環境要因とが自然本来の姿として存在し，かつそこから生まれる．よって生態系の健全性を実現するべく，人為の影響により大きく改変された生態系を復元するにあたっては，思い切った人為干渉をも厭わない．自然本来のプロセスの保全が最優先事項であり，目の前にある一時的な自然の姿だけに固執しない．たとえば，カナダの国立公園局では，1980 年代から生態系の健全性に基づいて，火入れや野生動物の個体数管理など人為的な干渉を含めた積極的な生態系管理を行っている．

健全性の保全のためには，代表的な生態系を景観内に健全な状態で配列することが重要である．これにより，各生態系に内包される種および遺伝子レベルの多

様性も同時に保全することができると考えられる．つまり，生態系を構成する生物種が過去から現在に至るまでの間に長期間をかけて適応してきた環境条件や生態学的プロセスを保全すれば，大半の種が同時に保全できるだろうという考え方である．このように生態系を粗い篩（ふるい）にかけるような保全，管理方針は**コースフィルターアプローチ**と呼ばれる．ここでは，未知の種や生態学的な特性がわかっていない種が多数存在するなど，生態系には人間が把握できていない未知の部分があるという謙虚な姿勢のもと，構成種間の相互作用や物質循環，自然攪乱体制など，生態系を作り上げている代表的なプロセスを尊重し保全することで，生物多様性を中心とした生態系の健全性がある程度に保たれると考える．

たとえば，保持林業は森林性の生物種の保全に有効であることがわかっている．しかしながら，天然の森林生態系が担う様々な機能や生物多様性の保全において，保持林業地が天然林の代わりとなるわけではない．皆伐地や単植人工林に比べて，ある程度保全効果を高める可能性があるというコースフィルターアプローチである．生産性と経済性の妥協と同様に，保全政策としての保持林業は，最大公約数を得るかのような妥協案であるともいえる．以上のように，生態系管理においては，個別の種や生態系要素よりも，生態系レベルのプロセスを重視する．なお，絶滅危惧種の保全など，コースフィルターアプローチが保全策としては不十分な項目も当然あり，そうした保全対象には，その特性に合わせた個別の保全方策（**ファインフィルターアプローチ**）が併用される．

6.2.5　アダプティブマネジメント

アダプティブマネジメントは，生態系管理を実践するうえで最も重要な項目である．なお，日本語では，**順応的管理**や**適応的管理**とも呼ばれる．様々な生態系が危急の状態にある現状では，結果がよくわかっていなくても資源管理を続ける必要性がある．そこで，管理対象の生態系についての不確実性を補うためのアプローチとして，アダプティブマネジメントが用いられる．これは，管理対象の生態系の変化を常にモニタリングし，その結果に基づいて管理方策を適宜修正するといった，科学者，管理者，政策決定者などの異なる利害関係者による協働型の管理アプローチである．

アダプティブマネジメントでは，決定的な解決策ではなく，実践しながら学ぶ，変化を柔軟に扱うといった姿勢をとる（図6.4）．この管理アプローチが旧来の資源管理の方策と異なる点は，フィードバックに焦点を当てていることである．科

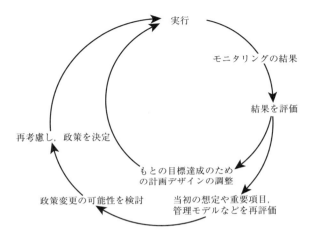

図 6.7 ダブルループおよびシングルループの学習サイクル（Kofinas *et al.*, 2009 を改変）

シングルループ（内側のみ）の学習構造では，モニタリングの結果に基づく管理計画の修正を行うが，当初の政策を変更する構造を欠いている．一方で，ダブルループの学習構造では，モニタリングの結果によっては，政策転換（外側のループへと移ること）も考慮する．

学的知見が政策や管理手法に還元されることで，適宜管理の在り方を修正し，それに応じた生態系のモニタリングを続ける，といった科学と政策の双方向型のフィードバックである．しかしながら，アダプティブマネジメントの実践が謳われている実際の生態系管理の場においても，必ずしもそれが機能的にはたらいているとはいえない．政策的な目的がすでに決定されており，そこに到達できない状況（政策的な失敗）を避けるために，政策転換を行わずに管理手法を修正することは，フィードバックシステムではあっても，アダプティブマネジメントではない．アダプティブマネジメントに基づく管理サイクルは，必要に応じて政策転換をも行う，ダブルループの学習構造であるべきである（図 6.7）．

生態系管理では，時に失敗より学ぶことが求められる．そのような失敗の例は，先述したカナダ東部針葉樹林におけるハマキガ駆除の失敗例（食う・食われるといった生態系における生物間のかかわり合いを無視した施策）など，多くの事例がある．このような失敗は，生態系をより動的で生物間，生物と環境のかかわりをもったシステムであるとの認識を促すことに役立った．アダプティブマネジメントを重視する生態系管理では，失敗を検証し科学的により妥当と思われるプランに変更するといったことを継続的に行い続けることが肝要である．

6.2.6 森林管理の今後に向けて

生態系本来のプロセスを重視し，包括的に森林生態系のもつ様々なレベルでの多様性を維持し，持続可能な森林管理を行うためには，土地所有者，林業企業，

表 6.1 生態系管理の概念の発展の中でみられた主要な 10 項目のテーマ（Grumbine, 1994）の要約（森, 2012）

1)	階層性：遺伝子，種，個体群，生態系，景観のあらゆるレベルについて，考慮すること
2)	生態学的境界：行政境界に捉われずに，生態系を基準に管理対象範囲を決めること
3)	生態系の健全性：在来種の個体群，攪乱体制，代表的なタイプの生態系などを包括的に保全すること（コースフィルターアプローチ）
4)	データ：種や個体群，攪乱体制，生息地などに関するデータを収集し，さらに資源管理において実際に用いること
5)	モニタリング：政策や管理方策による影響を観察し，今後のマネジメントに生かすこと
6)	アダプティブマネジメント：科学的知見をもとに，継続的な観察と実験を通して学び続け，不確実性に対して柔軟に向き合うこと
7)	機関間の協働：生態学的な境界に基づいて管理を行う場合，行政境界を越えての協働が必要となること
8)	組織の変革：協働間の協働のための組織変革から，それらの間の力関係の是正などの変革が必要であること
9)	自然の要素としての人間：人間を生態系から切り離して考えることはできず，むしろ影響を及ぼす主要因であると認識すること
10)	価値：科学的な知見にかかわらず，最終的には人間の価値感が生態系管理の目標を決めるべきこと

　森林を管理運営する立場の機関，行政機関，環境保護団体，そして研究者に至るまでの異なる利害関係者（**ステークスホルダー**）の参画が必要となる．生態学的研究成果から得られる新たな知見を取り入れ，森林の動的側面や森林景観の多様性を尊重しつつ，試行錯誤しながらアダプティブマネジメントを行うことが，今後の森林管理に求められている．<u>生態系管理においては，科学的知見が重視される一方で，不確実性もともなう</u>．森林生態系が有する数多の生態系プロセスや生物多様性を保全しつつ木材などの森林資源を利用することで，広く深い意味での持続可能性を模索するためには，自然科学と社会科学の双方におけるさらなる知見が必要である（表 6.1）．　　　　　　　　　　　　　　　　［森　章］

発展課題

(1) 生態系管理の概念に基づいて資源管理が行われていると考えられる事例について国内外を対象に検索し，良い点と悪い点を整理しなさい．
(2) 保持林業地が皆伐施業地に比べて，社会的にどのように受け入れられるのか（あるいは，受け入れられないのか）について考察しなさい．
(3) 保持林業が皆伐と一斉植栽といった従来の林業に比べて，経済的にどのような効果をもちうるのかについて考察しなさい．
(4) 自然災害と自然攪乱の違いについて考察しなさい．

文　　献

第1章
井上　真他編（2003）森林の百科，朝倉書店．
吉良竜夫・吉野みどり（1967）自然―生態学的研究―（森下正明・吉良竜夫編），pp.133-161，中央公論社．
国連食糧農業機関（2016）*Global Forest Resources Assessment 2015: How are the world's forests changing?*, 2nd ed., FAO.
堤　利夫編（1989）森林生態学，p.10，朝倉書店．
福嶋　司（2017）図説　日本の植生（第2版），朝倉書店．
松井哲也他（2009）地球環境，**14**（2）：167-174．
吉岡邦二（1973）：植物地理学，共立出版．
林野庁（2017）世界森林資源評価（FRA）2015―世界の森林はどのように変化しているか―（第2版）概要．http://www.rinya.maff.go.jp/j/kaigai/attach/pdf/index-2.pdf

第2章
2.1
Franklin, J. F. *et al.*（2018）*Ecological Forest Management*, Waveland Press.
Ishii H. *et al.*（2004）*Forest Science*, **50**：342-355.
Van Pelt, R. and Sillett, S. C.（2016）*Forest Ecology and Management*, **375**：279-308.
石井弘明（2010）森林生態学（正木　隆・相場慎一郎編），pp.111-121，共立出版．
伊東　明（2010）森林生態学（正木　隆・相場慎一郎編），pp.93-110，共立出版．
岩城英夫（1979）群落の機能と生産，朝倉書店．
加藤　顕他（2014）日本森林学会誌，**96**：168-181．
小谷二郎・高田兼太（1999）石川県林試報告，**30**：1-10．
杉田久志他（2008）森林総合研究所研究報告，**7**：81-89．
武田博清（1992）地球共生系とはなにか（東　正彦・安部琢哉編），pp.101-123，平凡社．
武田博清（1994）森林科学，**10**：35-39．
丹下　健・小池孝良編（2016）造林学　第四版，朝倉書店．
長池卓男（2000）日本森林学会誌，**82**：407-416．
長池卓男（2002）日本生態学会誌，**52**：35-54．

2.2
Bellingham, P. J. *et al.*（1996）*Ecological Research*, **11**：229-247.
Finegan, B.（1984）*Nature*, **312**：109-114.
Grime, J. P.（1977）*American Naturalist*, **111**：1169-1194.
Grubb, P. J.（1977）*Biological Reviews*, **52**：107-145.
Janzen D. H.（1970）*American Naturalist*, **104**：501-528.

Naka, K. and Yoda, K. (1984) *Botanical Magazine, Tokyo*, **97**：61-79.
Nanami, *et al.* (2011) *Ecological Research*, **26**：37-46.
Nishimura, *et al.* (2003) *Plant Ecology*, **164**：235-248.
Pianka, E. R. (1970) *American Naturalist*, **104**：592-597.
Seiwa, K. (2010) *Journal of Integrated Field Science*, **7**：3-8.
Stoll, P. *et al.* (1994) *Ecology*, **75**：660-670.
Whitmore, T. C. (1984) *Tropical rain forests of the Far East*, Claredon Press.
Wonkka, C. L. *et al.* (2013) *Oikos*, **122**：209-222.
大久保達弘 (2002) 宇都宮大学農学部演習林報告, **38**：1-86.
小澤準二郎 (1950) 林業試験集報, **58**：25-43.
上條隆志 (2008) 攪乱と遷移の自然史 (重定南奈子・露崎史朗編著), pp.67-92, 北海道大学出版会.

2.3

Funamoto, D. and Sugiura, S. (2017) *Journal of Natural History*, **51**：1649-1656.
Motten, A. F. (1986) *Ecological Monographs*, **56**：21-42.
Nakamoto, A. *et al.* (2009) *Ecological Research*, **24**：405-414.
Naoe, S. *et al.* (2016) *Current Biology*, **26**：R315-316.
Olesen, J. M. and Valido, A. (2003) *Trends in Ecology and Evolution*, **18**：177-181.
Olesen, J. M. *et al.* (2018) *Scientific Reports*, **8**：57.
Ollerton, J. *et al.* (2011) *Oikos*, **120**：321-326.
Osada, N. *et al.* (2003) *Ecological Research*, **18**：711-723.
Sorensen, A. E. (1981) *Oecologia*, **50**：242-249.
Suetsugu, K. (2018) *New Phytologist*, **217**：828-835.
Sugiura, S. (2018) Figshare. https://doi.org/10.6084/m9.figshare.6850004.v1
井上民二・加藤 真 (1993) シリーズ地球共生系4 花に引き寄せられる動物―花と送粉者の共進化―, 平凡社.
上田恵介編 (1999a) 種子散布1 鳥が運ぶ種子, 築地書館.
上田恵介編 (1999b) 種子散布2 動物たちがつくる森, 築地書館.
菊沢喜八郎 (1995) 植物の繁殖生態学, 蒼樹書房.
北村俊平 (2015) 日本鳥学会誌, **64**：25-37.
小沼明弘・大久保悟 (2015) 日本生態学会誌, **65**：217-226.
中西弘樹 (1988) 日本生態学会誌, **38**：169-176.
正木 隆・田中 浩・柴田銃江 (2006) 森林の生態学―長期大規模研究からみえるもの― (種生物学会編), 文一総合出版.

第3章

3.1

Beer, C. et al (2010) *Science*, **329**：834-838.
Enquist B. J. *et al.* (1998) *Nature*, **395**：163-165.
Iio A. *et al.* (2014) *Global Ecology and Biogeography*, **23**：274-285.
Luyssaert, S. E. *et al.* (2008) *Nature*, **455**：213-215.
Osawa A. (1995) *Canadian Journal of Forest Research*, **25**：1608-1617.

Saugier B. et al. (2001) *Terrestrial Global Productivity* (Roy, J. et al. Eds.), pp.543-557, Academic Press.
Schuur, E. A. G. (2003) *Ecology*, **84**：1165-1170.
Turner, M. G. (2010) *Ecology*, **91**：2833-2849.
Van Pelt R. et al. (2016) *Forest Ecology and Management*, **375**：279-308.
Yoda K. et al. (1963) *Journal of the Institute of Polytechnics, Osaka City University*, **14**：107-129.
安藤　貴（1982）実践林業大学 25 林分の密度管理，農林出版．
大塚俊之他（2004）地球環境，**9**：181-190．
加藤　顕他（2014）日本森林学会誌，**96**：168-181．
加藤知道（2018）生態系生態学，森北出版．
菊沢喜八郎（1978）日本森林学会誌，**60**：56-63．
玉井重信（1989）森林生態学（堤　利夫編），pp.80-86，朝倉書店．
穂積和夫（1973）生態学講座 12 植物の相互作用，共立出版．

3.2

Coley, P. D. and Barone, J. A. (1996) *Annual Review of Ecology, Evolution, and Systematics*, **27**：305-335.
Kikuzawa, K. (1988) *Plant Species Biology*, **3**：67-76.
Muller, O. et al. (2011) *Annals of Botany*, **108**：529-536.
Oguchi, R. et al. (2006) *Oecologia*, **149**：571-582.
Osada, N. (2017) *American Journal of Botany*, **104**：550-558
Wright, I. J. et al. (2004) *Nature*, **428**：821-827.
石井弘明他（2017）日本森林学会誌，**99**：74-83．
及川真平他（2013）日本生態学会誌，**63**：11-17．
長田典之（2008）熱帯雨林の自然史（安田雅俊他），pp.65-97，東海大学出版会．
菊沢喜八郎（1986）北の国の雑木林，蒼樹書房．
菊沢喜八郎（2005）葉の寿命の生態学―個葉から生態系へ―，共立出版．
小見山章（2002）森の記憶―飛驒・荘川村六厩の森林史―，京都大学学術出版会．
酒井聡樹（2002）植物のかたち，京都大学学術出版会．
清和研二（2015）樹は語る―芽生え・熊棚・空飛ぶ果実―，築地書館．
寺島一郎（2003）光と水と植物のかたち（種生物学会編），pp.85-118，文一総合出版．
寺島一郎（2013）植物の生態，裳華房．

3.3

Hallé et al. (1978) *Tropical Trees and Forests：An Architectural Analysis*, Springer.
Hishi, T. (2007) *Journal of Forest Research*, **12**：126-133.
Kawamura, K. and Takeda, H. (2002) *Canadian Journal of Botany*, **80**：1063-1077.
Kawamura, K. and Takeda, H. (2004) *Canadian Journal of Botany*, **82**：329-339.
Niklas, K. J. (1994) *Plant Allometry：The Scaling of Form and Process*, pp.164-174, The University of Chicago Press.
Osada, N. and Takeda, H. (2003) *Annals of Botany*, **91**：55-63.
相場慎一郎（2000）森の自然史（菊沢喜八郎・甲山隆司編），pp.134-145，北海道大学図書刊

行会.

石井弘明他（2006）日本森林学会誌，**88**：290-301.
巌佐　庸（1990）数理生物学入門，pp.161-163，共立出版.
大崎　満（2004）植物生態学（寺島一郎編），p.146，朝倉書店.
酒井暁子（2000）森の自然史（菊沢喜八郎・甲山隆司編）pp.75-95，北海道大学図書刊行会.
酒井聡樹（2002）植物のかたち，pp.189-248，京都大学学術出版会.
城田徹央（2009）根の事典（根の事典編集委員会編），pp.96-98，朝倉書店.
城田徹央・作田耕太郎（2003）生物科学，**54**：163-171.
竹中明夫（2000）生物の形づくりの数理と物理（本多久夫編），pp.186-199，共立出版.
竹中明夫（2004）植物生態学（寺島一郎他編著）pp.81-113，朝倉書店.
寺島一郎（2013）植物の生態，pp.201-218，裳華房.
村岡裕由（2003）光と水と植物のかたち（種生物学会編），pp.29-55，文一総合出版.
本川達雄（1992）ゾウの時間ネズミの時間—サイズの生物学—，中央公論新社.

第4章
4.1
Hashimoto, S. *et al.* (2012) *Soil Use and Management*, **28**：45-53.
Hirobe, M. *et al.* (2001) *Plant and Soil*, **234**：195-205.
Hirobe, M. *et al.* (2003) *Plant and Soil*, **249**：309-318.
Hirobe, M. *et al.* (2013) *Journal of Soils and Sediments*, **13**：1123-1132.
IUSS Working Group WRB (2015) *World Reference Base for Soil Resources 2014*, update 2015, FAO.
Jenny, H. (1994)：*Factors of Soil Formation*：*A System of Quantitative Pedology*, Dover Publications.
Perry, D. A. *et al.* (2008)：*Forest Ecosystems*, 2nd ed., The Johns Hopkins University Press.
Soil Survey Staff (2014)：*Keys to Soil Taxonomy*, 12th ed., USDA-NRCS.
Ushio, M. *et al.* (2010)：*Pedobiologia*, **53**：227-233.
河田　弘（2000）森林土壌学概論 POD版，博友社.
環境省（2014）越境大気汚染・酸性雨長期モニタリング報告（平成20〜24年度），環境省.
久馬一剛（1997）最新土壌学，朝倉書店.
柴田英昭（2018）森林と土壌，共立出版.
土じょう部（1976）林業試験場研究報告，**280**：1-28.
日本土壌肥料学会「土のひみつ」編集グループ（2015）土のひみつ—食料・環境・生命—，朝倉書店.
日本ペドロジー学会第五次土壌分類・命名委員会（2017）日本土壌分類体系，日本ペドロジー学会.
菱　拓雄他（2010）九州大学農学部演習林報告，**91**：1-6.
廣部　宗他（2013）森林応用研究，**22**（1）：7-14.

4.2
Clarholm, M (1985) *Soil Biology and Biochemistry*, **17**：181-187.
Osono, T. (2006a) *Proceedings for the 8th International Mycological Congress* (Meyer, W. and Pearce, C. Eds.), pp.111-117, Medimond.

Osono, T. (2006b) *Canadian Journal of Microbiology*, **52**：701-716.
Osono, T. (2007) *Ecological Research*, **22**：955-974.
Osono, T. et al. (2006) *Soil Biology and Biochemistry*, **38**：517-525.
Swift, M. J. et al. (1979) *Decomposition in Terrestrial Ecosystems*, p.372, Blackwell.
Takeda, H. (1998) *Environmental Forest Science* (Sassa, K. Ed.), pp.197-206, Kluwer Academic Press.
大園享司（2004）森林生態系の落葉分解と腐植形成，シュプリンガー・フェアラーク東京．
大園享司（2018a）基礎から学べる菌類生態学，p.272，共立出版．
大園享司（2018b）日本生態学会誌，**68**：149-168．
金子信博（2007）土壌動物学への招待，東海大学出版会．
金子信博編（2018）実践土壌学シリーズ2 土壌生態学，朝倉書店．
森林立地調査法編集委員会（2010）森林立地調査法，博友社．
ダーウィン，C.（1881）ミミズと土（渡辺弘之訳），平凡社．
武田博清・大園享司（2003）土壌微生物生態学（堀越孝雄・二井一禎編），pp.97-113，朝倉書店．

第5章
5.1
Andréassian, V. (2004) *Journal of Hydrology*, **291**：1-27.
Barbeta, A. and Peñuelas, J. (2017) *Scientific Reports*, **7**：10580.
Fan, Y. et al. (2017) *Proceedings of the National Academy of Sciences of the United States of America*, **114**：10572-10577.
Farley, K. A. et al. (2005) *Global Change Biology*, **11**：1565-1576.
Ikawa, R. (2007) 日本水文科学会誌，**37**：187-200.
Kosugi, Y. and Katsuyama, M. (2007) *Journal of Hydrology*, **334**：305-311.
Ohte, N. and Tokuchi, N. (2011) *Forest Hydrology and Biogeochemistry* (Levia, D. F. et al. Eds.), pp.261-283, Springer Dordrecht.
Rockström, J. et al. (2014) *Ecohydrology*, **7**：1249-1261.
Van Stan, J. T. and Gordon, D. A. (2018) *Frontiers in Plant Science*, **9**：248.
石井弘明他（2017）日本森林学会誌，**99**：74-83.
太田猛彦（1996）森林科学，**18**：26-31.
沖　大幹・鼎信次郎（2007）地学雑誌，**116**：31-42.
国土交通省水管理・国土保全局水資源部（2018）平成30年版日本の水資源の現況，140-144．
小松　光他（2012）水利科学，**56**：62-76.
斎藤　琢（2009）低温科学，**67**：129-136.
田中　正（2018）地下水学会誌，**60**：17-28.
谷　誠（2011）水利科学，**55**：151-173.
寺島一郎（2013）植物の生態―生理機能を中心に―，pp.49-70，裳華房．

5.2
Aber, J. D. et al. (1989) *BioScience*, **39**：378-286.
Averill, C. et al. (2014) *Nature*, **505**, 543.
Bormann F. H. and Likens, G. E. (1979). *Pattern and Process in a Forested Ecosystem*, Springer.

Fang, Y et al.（2015）*PNAS*, **112**：1470-1474.
Galloway, J. N. et al.（2003）*BioScience*, **53**：341-356.
Hobbie, S. E.（2015）*Trends in Ecology & Evolution*, **30**：357-363.
Leach, A. M. et al.（2013）*Sustainability : The Journal of Record*, **6**：211-219.
Tateno, R. and Takeda, H.（2010）*Oecologia*, **163**：793-804.
Vitousek, P.（1982）*American Naturalist*, **119**：553-572.
磯部一夫・大手信人（2014）森林立地，**56**：89-95.
稲垣善之・舘野隆之輔（2016）森林科学，**77**：7-9.
亀田佳代子（2001）化学と生物，**39**：245-251.
柴田英昭編（2018）森林と土壌，共立出版．
武田博清（1997）化学と生物，**35**：26-31.
種田あずさ他（2017）日本生態学会誌，**67**：189-196.
堤　利夫編（1989）森林生態学，朝倉書店．

5.3
Imamura, N. et al.（2017）*Scientific Reports*, **7**：8179.
Smith, S. J. et al.（2011）*Atmospheric Chemistry and Physics*, **11**：1101-1116.
Yanai, R. D.（1992）*Biogeochemistry*, **17**：1-22.
Walker, T.W. and Syers, J. K.（1976）*Geoderma*, **15**：1-19.
岩坪五郎（1983）森林生態学（堤　利夫編），pp.124-148，朝倉書店．
柴田英昭・大手信人（2018）森林の物質循環（柴田英昭編），pp.1-13，共立出版．
早川　敦（2018）森林の物質循環（柴田英昭編），pp.61-102，共立出版．
保高徹生・辻　英樹（2013）廃棄物資源循環学会誌，**24**：267-273.
松中照夫（2003）土壌学の基礎，農山漁村文化協会．
和田信一郎（1997）最新土壌学（久馬一剛編），pp.73-95，朝倉書店．

5.4
Bormann, F. H. et al.（1977），*Science*, **196**：981-983.
Chapin III, F. S. et al.（2018）生態系生態学 第 2 版（加藤知道監訳），森北出版．
Houlton, B. Z. et al.（2018）*Science*, **360**（6384），58-62.
Isobe, K. et al.（2012）*Soil Biology and Biochemistry*, **52**：61-63.
Morford, S. L. et al.（2011）*Nature*, **477**：78-81.
Sinsabaugh, R. L. and Shah, H. J. F.（2012）*Annual Review of Ecology and Systematics*, **43**：313-343.
柴田英昭（2015）森林集水域の物質循環調査法，共立出版．
永田　俊・宮島利宏編（2008）流域環境評価と安定同位体，京都大学学術出版会．

第 6 章
6.1
FAO（2015）世界森林資源評価 2015（FRA：Global Forest Resources Assessment），FAO.
石田和之（2018）森林環境：180-192.
国立研究開発法人森林研究・整備機構森林総合研究所報解説シリーズ「森林の多面的機能」
　　No.182002-9 通巻 458 号（平成 14 年 9 月 30 日）～ No.582006-1 通巻 498 号（平成 18 年 1

月4日).

日本学術会議（2001）地球環境・人間生活にかかわる農業及び森林の多面的な機能の評価について（答申）.

森本幸裕・小林達明（2007）最新環境緑化工学，朝倉書店.

諸富徹編著（2009）環境政策のポリシー・ミックス，ミネルヴァ書房.

ロックストローム，J.・クルム，M.（2018）小さな地球の大きな世界―プラネタリー・バウンダリーと持続可能な開発―（武内和彦・石井菜穂子訳），丸善出版.

6.2

Christensen, N. L. *et al.*（1996）*Ecological Applications*, **6**：665-691.

Grumbine, R. E.（1994）*Conservation Biology*, **8**：27-38.

Kofinas, G. P.（2009）*Principles of Ecosystem Stewardship：Resilience-Based Natural Resource Management in a Changing World*（Chapin, F. S. III. *et al.* Eds.）, pp.77-102, Springer.

Mori, A. S. and Kitagawa, R.（2014）*Biological Conservation*, **175**：65-73.

相川高信（2011）先進国型林業のマネジメント，全国林業改良普及協会.

大塚生美（2010）環境時代のオレゴン州林業，日本林業調査会.

柿澤宏昭（2000）エコシステムマネジメント，築地書館.

柿澤宏昭他編（2018）保持林業，築地書館.

清和研二（2013）多種共存の森―1000年続く森と林業の恵み―，築地書館.

中村太士（2012）地質と調査, **131**（1）：29-36.

畠山武道・柿澤宏昭（2006）生物多様性保全と環境政策―先進国の政策と事例に学ぶ―，北海道大学出版会.

林　直孝（2009）日本森林学会誌, **91**：212-222.

藤森隆郎（2006）森林生態学持続可能な管理の基礎，全国林業改良普及協会.

森　章（2007）保全生態学研究, **12**：45-59.

森　章（2011）遺伝, **65**（5）：20-27.

森　章（2014）持続可能な林業と生態系―共存するために―，環境会議，2014年秋号.

森　章・石井弘明（2012）エコシステムマネジメント―包括的な生態系の保全と管理へ―（森章編），pp.2-40, 共立出版.

森　章他（2012）エコシステムマネジメント―包括的な生態系の保全と管理へ―, pp.176-200, 共立出版.

山浦悠一・森　章（2012）エコシステムマネジメント―包括的な生態系の保全と管理へ―（森章編），pp.44-72, 共立出版.

リチャード，B., プリマック・小堀洋美（2008）保全生物学のすすめ，文一総合出版.

索 引

欧文

A層 77
A_0層 76
AM (arbuscular mycorryhiza) 113

B層 77

C戦略種 24
C層 77
C-S-Rモデル 25
CUE (carbon use efficiency) 43

E層 77

F層 77

GPP (gross primary production) 42
G層 77

H層 77

IBP (international biological program) 40

K選択 23
K選択者 23

L層 77
LAD (leaf area density) 41
LAI (leaf area index) 41
LMA (leaf mass per area) 55
LMF (leaf mass fraction) 68

M層 77
MRT (mean residence time) 136

NAR (net assimilation rate) 68
NBP (net biome production) 44
NECB (net ecosystem carbon balance) 44
NEE (net ecosystem exchange) 43
NEP (net ecosystem production) 43
NPP (net primary production) 42
NRE (nitrogen resorption efficiency) 55
NUE (nitrogen use efficiency) 116

O層 76

PES (payment for ecosystem services) 146
pF値 104
PNUE (photosynthetic nitrogen use efficiency) 54
PPFD (photosynthetic photon flux density) 52

R戦略種 25
r選択 23
r選択者 23
R層 77
R_a (autotrophic respiration) 42
R_h (heterotrophic respiration) 43
R_y (relative yield) 49
REDD (Reducing Emissions from Deforestation and Forest Degradation in Developing Countries) 146
REDD+ 146
RGR (relative growth rate) 68

S戦略種 25
SDGs (sustainable development goals) 152
SLA (specific leaf area) 41, 68
soil taxonomy 80
SPAC (soil-plant-atmosphere continuum) 107
SRL (specific root length) 57, 71

WI (warm index) 2
World Reference Base for Soil Resources 80
WRB 80

ア 行

亜寒帯 4
亜高山帯 2
亜高木種 11
亜酸化窒素 83
アジェンダ21 152
亜硝酸酸化細菌 117
暖かさの指数 2
アダプティブマネジメント 156
圧力水頭 104
圧力ポテンシャル 104
亜熱帯季節林 5
亜熱帯常緑樹林 5
アーバスキュラ菌根 112
アリ散布 36
アロメトリー (相対成長) 式

40, 67
暗呼吸速度 52
安山岩 75
安定同位体 139
アンモニア揮散 116
アンモニア酸化古細菌 117
アンモニア酸化細菌 117
アンモニウム態窒素 113

硫黄酸化物 126
イオン交換 128
異化 84
維管束 51
一次鉱物 75
　——の風化 122
一次散布 34
一次枝 63
一次遷移 3, 19, 21
一方向的競争 27
一様分布 15
一斉開花 37
一斉展葉型 58
一斉同齢林 151
イノシトールリン酸 122
易分解性 86
陰樹 23
インフラックス 134
陰葉 12, 52

魚つき保安林 83
雨撃層 142
渦相関法 109
雨緑林 6
雲霧林 103
雲母 75

エアロゾル 126
永久しおれ点 106
栄養段階 93
栄養繁殖 30
腋芽 62
液相 76, 89
エコツーリズム 144
エフラックス 134
エリコイド菌根 113
エンボリズム 108

大型土壌動物 89
小笠原諸島 8
温帯多雨林 6

カ 行

開芽 57
開花フェノロジー 32
外生菌根 112
回転速度 136
外部循環 112, 136
開放系 135
海綿状組織 51
外来性母材 75
化学的堆積岩 75
化学的風化 75
角閃石 75
攪乱 20
攪乱依存戦略 25
攪乱体制 21
攪乱レガシー 153
花崗岩 75
仮軸成長 63
過湿潤帯 2
火成岩 75
褐色腐朽 95
活性窒素 120
滑動力 143
カーボンオフセット 146
カーボンニュートラル 142
カーボンプライシング 146
夏葉 58
可溶性糖類 50
刈払い 16
夏緑樹林 5
芽鱗 57
芽鱗痕 62
岩塩 75
寒温帯 4
環境収容力 23
環形動物門 89
乾湿度 2
緩衝帯 154
乾性低木林 2
冠雪害 2
乾燥強度指数 2
乾燥帯 2

乾燥耐性 54
寒帯 4
含硫アミノ酸 125
含硫有機物 126

気候 1
気孔 51
気孔コンダクタンス 53
気候帯 4
気候変動 8
気根 6
基質 87
寄生者 89
輝石 75
季節風 103
気相 76
機能群 91
機能形質 55
ギャップ 21
ギャップダイナミクス 21
キャビテーション 108
球果 8
究極要因 38
吸光係数 13
吸蔵態リン 124
凝灰岩 75
強乾燥帯 2
凝集力 107
共生原生生物 98
共生窒素固定 114
競争戦略 24
競争能力 69
極相 19
極相種 23
極相パターン説 20
極相林 19
近交弱勢 31
菌根 112
菌根菌 112
菌根菌-植物共生体 97
菌糸 87
菌糸体 87
緊縛効果 143
菌類 88
菌類経路 93
菌類食 92

索　引

菌類遷移　95

クチクラ層　5
グリーンインフラ　143
グリーンウォーター　110
クリーン開発メカニズム　146
グリーンレジリエンス　145
群集　6
群集有機体説　20
群状間伐　16
群落光合成　14

ケイ酸　129
ケイ酸塩鉱物　75
渓畔林　3
決定型　58
頁岩　75
結実フェノロジー　33
堅果　8
現存量　39
現存量密度　40

光合成光量子束密度　51
光合成窒素利用効率　54
光合成能力　52
高山植生　3
高山帯　2
向軸面　51
光質　70
鉱質土層　76
更新　26
更新ニッチ　28
降水　101
降水蒸発指数　2
構造性有機物　86
構造性炭水化物　51
酵素系　87
構築単位　63
高木種　11
硬葉樹林　5
小型土壌動物　89
国際生物学事業計画　40
古細菌　88
コースフィルターアプローチ
　　156
固相　76

固着性　9, 14
固有種　3
コルク層　5
根圏域　93
根圏効果　95
根食者　91
コンパートメントモデル　132

サ　行

細菌　88
細菌経路　93
細菌食　92
細根　71
細砂　77
最終収量一定の法則　47
砕屑性堆積岩　75
最大光合成速度　52
最大持続可能収量モデル　153
最大容水量　105
再転流　113, 125
細片化　84
細胞外酵素　84
細胞間隙　51
材密度　71
細粒物質　76
砂岩　75
柵状組織　51
里山　7
サバンナ　6
酸化物鉱物　75
酸性雨　83
残積土　80
散布者　34
散布体　34
散乱光　12

ジェネラリスト　33
自家受粉　31
自家不和合性　31
自家和合性　31
至近要因　37
自己間引き　47
子実体　88
糸状細胞　89
自然攪乱　20, 153
自然間引き　47

────の 3/2 乗則　47
自然林　7
持続可能な開発目標　152
持続可能な森林管理　151
湿潤帯　2
子嚢菌　88
自発的遷移　19
師部　51
社会性昆虫　98
遮断蒸発　105
蛇紋岩地帯　3
ジャンセン-コンネルモデル　26
雌雄異熟　31
獣害　8
周食型　35
集水域　109
従属栄養呼吸　43
従属栄養性　89
集中分布　15
雌雄離熟　31
収量比数　48
重力水　105
重力ポテンシャル　104
樹冠　11, 63
種間競争　28
樹冠形成の規則　63
樹冠通過雨　104
樹冠投影図　15
樹幹流　105
樹形　63
────の反復　63
樹形モデル　63
受光能力　69
種子散布　9
種子散布ネットワーク　36
種子繁殖　30
シュート　62
種内競争　28
樹木位置図　14
純一次生産　42
循環型エネルギー　142
純光合成速度　52
順次展葉型　58
純生態系交換量　43
純生態系生産　43
純生態系炭素収支　44

純生物相生産　44
順応的管理　156
春葉　58
純流束　134
硝化　114
蒸散　107
硝酸態窒素　113
蒸発散　101, 109
照葉樹林　5
譲与税特別会計　148
植生連続体説　8, 20
植物寄生　92
植物の経済スペクトル　57
除伐　16
白神山地　8
シルト　77
知床半島　8
人為攪乱　20, 152
真菌類　88
シンク　44
針広混交林　4
人工林　7
薪炭材　7
浸透能　142
浸透ポテンシャル　104
真土壌性　92
森林火災　4
森林環境譲与税　148
森林群集　6
森林限界　3, 4
森林原則声明　152
森林ツンドラ　4
森林認証制度　154
森林バンキング　147

水源涵養　110
水酸化物鉱物　75
垂直構造　12
垂直根　143
水溶性有機物　86
ステークホルダー　158
ステップ　2
ストレス　24
スペシャリスト　34

成育段階　11

生育適地　8
西岸海洋性気候帯　6
生産者　89
生食食物網　92
生食連鎖　92
生態学的化学量論　137
生態過程　14
生態系改変者　91
生態系管理　149
生態系サービス　140, 151
　　——への支払い　146
生態系の健全性　155
成長効率　137
成長単位　62
正のフィードバック　72, 81, 98
生物回廊　154
生物学的侵入　29
生物史　1
生物性（有機）堆積岩　75
生物多様性保全機能　16
生物の遺産　17, 153
生物的窒素固定　114
世界自然遺産　8
世界土壌照合基準　80
石英　75
積雪　2
石炭　75
脊椎動物亜門　89
石灰岩　75
石こう　75
節足動物門　89
節　62
節間　62
セルラーゼ　87
セルロース　50
セルロース分解菌　94
遷移　19
遷移後期種　23
遷移初期種　23
先駆種　23
線形動物門　89
前生稚樹集団　21
選択的セルロース分解菌類　94
選択的リグニン分解菌類　94
先端分裂組織　62
せん断力　143

潜伏芽　70

総一次生産　42
相観　4
総光合成速度　52
相対成長速度　68
送粉　31
送粉サービス　38
送粉者　33
送粉シンドローム　33
送粉ネットワーク　36
双方向的競争　27
相利共生　36
総流束　134
造林木　151
側芽　63
側生枝　63, 64
粗砂　77
ソース　44
損害額　147

タ 行

第一次落葉生息腐生菌　95
タイガ林　4
帯水層　103, 105
耐ストレス戦略　25
胎生種子　6
堆積岩　75
代替法　147
第二次落葉生息腐生菌　95
他家受粉　31
多極相説　20
脱水和　131
脱窒　116
脱窒菌　116, 117
脱リグニン　87
他発的遷移　19
食べ残し型　35
多面的機能　16, 140
多様性　4
暖温帯常緑広葉樹林　5
暖温帯常緑針葉樹林　5
断幹　17
単極相説　20
担子菌　88
単軸成長　63

弾性相似　67
単層型　66
炭素飢餓説　54
炭素利用効率　43
単体性生物　62

遅延緑化　60
地下水　103, 105
地形　1
地史　1
地質　1
地中海性気候　5
地中種　98
地中性　92
地中流　142
窒素回収効率　55
窒素可給性　54
窒素カスケード　120
窒素固定細菌　114
窒素固定植物　114
窒素沈着　115
窒素負荷　121
窒素フットプリント　121
窒素飽和　120
窒素利用効率　116
地表被覆　142
地表流　142
チャート　75
中型土壌動物　89
中間型　58
頂芽　63
頂芽制御　64
頂芽優勢　64
頂生枝　64
長石　75
直射光　12
貯食散布　35

通水機能障害説　54

抵抗力　143
定常状態　135
低地帯　2
定着適地　26
低木種　11
適応的管理　156

電気的中性の原理　128
天然性二次林　7
天然分布　10
天然林　7

糖依存菌　94
凍害　2
同時分解菌類　94
同所的　14
透水性　83
当年生シュート　62
逃避地　4
動物散布　35
倒木上更新　14
盗蜜　33
独立栄養呼吸　42
独立栄養性　89
土壌亜型　79
土壌亜群　79
土壌型　79
土壌群　79
土壌孔隙　89, 142
土壌呼吸　43, 82
途上国の森林減少・劣化に由来する排出の削減　146
土壌-植物-大気連続体　107
土壌食物網　92
土壌侵食　83
土壌水分特性曲線　105
土壌生成因子　76
土壌生成過程　76
土壌層位　76
土壌断面　76
土壌団粒　97
土壌動物　88
土壌微生物　88
土壌有機物　78
土性　77
トレードオフ　56, 69

ナ　行

内生菌　95
内生菌根　112
内的自然増加率　23
内部循環　112, 136
ナースプラント　28

難透水層　103, 105
難分解性　86

二次鉱物　75
二次散布　34
二次伸長　59, 62
二次遷移　3, 19, 21
二次林　3, 7
日光合成量　53
日本土壌分類体系　80
人間活動　1

熱帯季節林　6
熱帯多雨林　6
粘着力　143
粘土　77
粘土鉱物　75

ハ　行

配位子交換反応　124
バイオマス　39
バイオーム　39
背軸面　51
排他的　15
白色腐朽　95
白色腐朽菌　86
発芽抑制　35
葉の経済スペクトル　56
ハーバー・ボッシュ法　120
ハビタット　11
半乾燥帯　2
半土壌性　92

被圧木　15
避陰反応　70
光エネルギーの相補的利用　14
光-光合成曲線　52
光受容体　70
光阻害　53
光飽和点　52
光補償点　52
非共生窒素固定　114
非決定型　58
非根圏土壌　93
微小食物網　93
被食散布　35

微生物食者 91
微地形 3
標高 2
表層採食種 97
表層採食地中性 92
表層種 97
表層性 92
表層崩壊 83, 142
標徴種 6
漂白 86, 95
表面侵食 142
比葉面積 41
肥料木 115
昼寝現象 54

ファインフィルターアプローチ 156
フィチン酸 122
フィトクロム 70
風化作用 75
風化抵抗性 75
風媒 33
フェノロジー 57
賦課徴収方式 148
伏状更新 15
複層型 66
腐植 77
腐植酸 98
腐植食者 91
腐食食物網 92
腐食連鎖 92
腐生性 89
付着散布 35
物理的風化 75
不定芽 70
不動化 114
腐葉土 7
フラックス 134
プラネタリー・バウンダリー 145
プール 133
ブルーウォーター 110
プールサイズ 133
フロー 134
プロトプラスト 104
分解者 89

分枝頻度 66
分収林制度 147
分布域 8
分布移動 4, 9

平均滞留時間 136
閉鎖系 135
片岩 75
変成岩 75
片麻岩 75

膨圧 104
萌芽 70
萌芽更新 16, 31
萌芽力 70
豊凶 37
放射性セシウム 130
放射性同位体 139
崩積土 80
放線菌 89
飽和状態 105
母岩 3, 75
匍行土 80
母材 3, 74
保残伐施業 153
圃場容水量 105
捕食者 91
捕食性 92
保持林業 17, 153
保水性 83
保水能 142
北方針葉樹林 4
ホートン型地表流 109
ポリフェノール 129
ホロセルロース 87

マ 行

埋土種子集団 21
マスティング 37
マトリックポテンシャル 104
マルチレイヤー型 66
マングローブ林 6

水収支法 109
水ストレス 108
水ポテンシャル 104

緑のダム 142

無機化 113, 124
無機態窒素 113
無機態リン酸 122

メタマー 62
メタン 83

毛管水 105
毛細管現象 105
木化 87
木部 51
木部閉塞 108
モジュール 62
モジュール性生物 62
モノレイヤー型 66
モンスーン 103
モンスーン林 6
モントリオール・プロセス 152

ヤ 行

屋久島 8

有機化 114
有機酸 124
有機態窒素 113
有機物層 76
優勢木 15
優占種 4, 6
葉腋 57
葉群クラスター 62
葉原基 57
葉圏菌類 95
陽樹 7, 23
養水分吸収能力 69
溶脱 84, 113, 134
葉肉細胞 51
葉脈 51
葉面菌 95
葉面積指数 13, 41
葉面積密度 41
陽葉 12, 52
葉緑体 51

抑制効果　64

ラ 行

ランダム分布　15
ランベルト・ベール則　13

リグニナーゼ　87
リグニン化　87
リグニン分解菌　94
リグノセルロース　87
リグノセルロース指数　87
リター遮断　105
リター変換者　91
リターフォール　43, 84
硫化水素　126
粒径組成　106
硫酸イオン　126
流出　109
林外雨　104
林冠　12, 21
林冠ギャップ　16
リン酸エステル分解酵素　124

林内雨　105

ルビスコ　54

冷温帯落葉広葉樹林　5
礫　77
レゴリス　76
レジリエンス　140
レッドフィールド比　138
列状間伐　16

編集代表略歴

石井弘明（いしいひろあき）
　　　京都大学農学研究科林学専攻修士課程修了
　　　University of Washington, College of Forest Resources 博士課程修了
現　在　神戸大学大学院農学研究科准教授
　　　Ph.D (Ecosystem Analysis)
　　　樹木医

森林生態学　　　　　　　　　　　　　　　定価はカバーに表示

2019 年 4 月 1 日　初版第 1 刷
2024 年 1 月 25 日　　第 6 刷

編集代表　石　井　弘　明
発 行 者　朝　倉　誠　造
発 行 所　株式会社　朝　倉　書　店
　　　　　東京都新宿区新小川町 6-29
　　　　　郵便番号　162-8707
　　　　　電　話　03(3260)0141
　　　　　FAX　03(3260)0180
　　　　　https://www.asakura.co.jp

〈検印省略〉

© 2019 〈無断複写・転載を禁ず〉　　　　　　Printed in Korea

ISBN 978-4-254-47054-3　C 3061

JCOPY <出版者著作権管理機構 委託出版物>
本書の無断複写は著作権法上での例外を除き禁じられています。複写される場合は、そのつど事前に、出版者著作権管理機構（電話 03-5244-5088, FAX 03-5244-5089, e-mail: info@jcopy.or.jp）の許諾を得てください。

兵庫県大 太田英利監訳　池田比佐子訳	生物多様性の起源や生態系の特性，人間との関わりや環境等の問題点を多数のカラー写真や図を交えて解説。生物多様性と人間／生命史／進化の地図／種とは何か／遺伝子／貴重な景観／都市の自然／大量絶滅／海洋資源／気候変動／浸入生物
生物多様性と地球の未来 —6度目の大量絶滅へ？— 17165-5　C3045　　　Ｂ５判 192頁 本体3400円	
東大 宮下　直・東大 瀧本　岳・東大 鈴木　牧・ 東大 佐野光彦著	生物多様性の基礎理論から，森林，沿岸，里山の生態系の保全，社会的側面を学ぶ入門書。〔内容〕生物多様性とは何か／生物の進化プロセスとその保全／森林生態系の機能と保全／沿岸生態系とその保全／里山と生物多様性／生物多様性と社会
生 物 多 様 性 概 論 —自然のしくみと社会のとりくみ— 17164-8　C3045　　　Ａ５判 192頁 本体2800円	
前農工大 福嶋　司編	生態と分布を軸に，日本の植生の全体像を平易に図説化。植物生態学の基礎を身につけるのに必携の書。〔内容〕日本の植生概観／日本の植生分布の特殊性／照葉樹林／マツ林／落葉広葉樹林／水田雑草群落／釧路湿原／島の多様性／季節風／他
図説 日 本 の 植 生（第2版） 17163-1　C3045　　　Ｂ５判 196頁 本体4800円	
東大 丹下　健・北大 小池孝良編	好評テキスト「造林学（三訂版）」の後継本。〔内容〕樹木の成長特性／生態系機能／物質生産／植生分布／森林構造／森林土壌／物理的環境／生物的要因／環境変動と樹木成長／森林更新／林木育種・保育／造林技術／熱帯荒廃地／環境造林
造 　 林 　 学（第四版） 47051-2　C3061　　　Ａ５判 192頁 本体3400円	
農工大 梶　光一・酪農学園大 伊吾田宏正・ 岐阜大 鈴木正嗣編	野生動物管理の手法としての「狩猟」を見直し，その技術を生態学の側面からとらえ直す，「科学としての狩猟」の書。〔内容〕狩猟の起源／日本の狩猟管理／専門的捕獲技術者の必要性／将来に向けた人材育成／持続的狩猟と生物多様性の保全／他
野生動物管理のための 狩 猟 学 45028-6　C3061　　　Ａ５判 164頁 本体3200円	
前京大 藤崎憲治・京大 大串隆之・岡山大 宮竹貴久・ 京大 松浦健二・九州沖縄農研 松村正哉著	単に昆虫類の生態にとどまらず，他の多くの生物との複雑な関係性を知る学問である昆虫生態学の入門書・テキスト。〔内容〕序論／昆虫の生活史戦略／昆虫の個体群と群集／昆虫の行動生態／昆虫の社会性／害虫の生態と管理
昆 　 虫 　 生 　 態 　 学 42039-5　C3061　　　Ａ５判 224頁 本体3700円	
農工大 豊田剛己編 実践土壌学シリーズ 1	代表的な土壌微生物の生態，植物との相互作用，物質循環など土壌中での機能の解説。〔内容〕土壌構造／植物根圏／微生物の分類／研究手法／窒素循環／硝化／窒素固定／リン／菌根菌／病原微生物／菌類／水田／畑／森林／環境汚染
土 　 壌 　 微 　 生 　 物 　 学 43571-9　C3361　　　Ａ５判 208頁 本体3600円	
福島大 金子信博編 実践土壌学シリーズ 2	代表的な土壌生物の生態・機能，土壌微生物や植物との相互作用，土壌中での機能を解説。〔内容〕原生生物／線虫／土壌節足動物／ミミズ／有機物分解・物質循環／根系／土壌食物網と地上生態系／森林管理／保全型農業／地球環境問題
土 　 壌 　 生 　 態 　 学 43572-6　C3361　　　Ａ５判 216頁 本体3600円	
日大 山川修治・ライフビジネスウェザー 常盤勝美・ 立正大 渡来　靖編	気候変動による自然環境や社会活動への影響やその利用について幅広い話題を読切り形式で解説。〔内容〕気象気候災害／減災のためのリスク管理／地球温暖化／IPCC報告書／生物・植物への影響／農業・水資源への影響／健康・疾病への影響／交通・観光への影響／大気・海洋相互作用からさぐる気候変動／極域・雪氷圏からみた気候変動／太陽活動・宇宙規模の運動からさぐる気候変動／世界の気候区分／気候環境の時代変遷／古気候・古環境変遷／自然エネルギーの利活用／環境教育
気 　 候 　 変 　 動 　 の 　 事 　 典 16129-8　C3544　　　Ａ５判 472頁 本体8500円	

上記価格（税別）は 2023 年 12 月現在